卡卡亂亂煮

卡卡 著

天天早餐日

百萬媽媽都說讚!

省時×輕鬆×超萌造型，最美味人氣食譜100+

作者序

讓每一天的早晨都充滿驚喜！

距離上一本著作《Costco 減醣便當》已經快要一年半的時間了，在這段日子裡，我的每日三餐，除了「減醣」，更多時候是在準備孩子們的食物。當然也因為隨著小孩都進入了小學生活，他們的早餐好像也就不能偷懶的交給幼兒園負責，家有小學生的爸爸媽媽、阿公阿罵們，應該都跟我一樣有這種感覺吧？！

常常有人問我說，身為一個職業婦女，到底哪裡來的時間幫孩子們準備早餐？這個問題其實我想了很久，特別是遇到那種冬天冷死人，很不想離開被窩的早晨，又或者是註定會塞車塞到翻臉的下雨天。但或許每天的時間就是這樣一點一滴的擠壓出來的。像是每個周末，我都會預先設計好這周孩子們的早餐菜單，像是一些比較花時間的主食類（麵包、地瓜、馬鈴薯等），會先料理好再分裝放進冷凍庫保存，等到平日早晨，只要加工後製，就可以快速完成早餐。

這本書從主題構思、食材搭配，以及食譜內容，都是希望能帶給大家不一樣的早餐新選擇。誰說早餐只能吃麵包、饅頭、蔥油餅，或者是蘿蔔糕？只要花點小巧思，平凡無奇的早餐也可以化身為孩子們最愛的造型早餐；或是妝點一下餐盤，立刻變成人見人愛的網美打卡餐；不小心睡過頭了，如何抓緊時間出餐，可以透過更簡單、更快速的方式，變化更多不一樣的食材搭配，讓每一天的早晨都充滿驚喜與儀式感！

卡卡

目錄

做早餐的準備

01 造型早餐

目錄

07 甜食控的選擇

08 減醣人早餐

冷天暖胃加碗湯

來杯冰涼的飲品

做早餐的準備

來點小巧思，省時省力輕鬆做出人見人愛的早餐！

做早餐便當須知

如果早餐便當是打算做好帶出門吃的，為了避免天氣炎熱，導致便當變質或者不新鮮。因此，在裝便當的時候，請務必要注意以下幾點原則：

1 裝便當時，務必要等到食材冷卻再盛裝，以避免熱食變冷食，產生過多的水氣而細菌增生。

2 裝便當時，請盡量以熟食為主。如果有裝生冷食，類似水果、生菜，或者是水煮蛋時，請務必要把表面水分擦乾，也可以使用分隔盒。

3 飯糰、壽司捲塑形時，建議可以隔著保鮮膜，或者是戴手套，不僅方便操作，也能減少細菌增生的機會。

製作造型便當的工具

坊間有許多方便做造型的工具，由於款式非常多，大家可以依照個人需求以及喜好來做選擇。

造型壓模

一般常見的造型壓模材質，有塑膠和不鏽鋼兩種。造型壓模可以用來壓紅蘿蔔片、白蘿蔔片、馬鈴薯片、起司片、火腿片、吐司，甚至是烘焙時，可以用來壓模做餅乾造型，很方便。

海苔造型壓模

只要把海苔放進海苔造型壓模，就可以輕鬆壓出不同造型的海苔片。接著，可依照自己的需求，讓這些海苔拼湊出各種不同的表情。

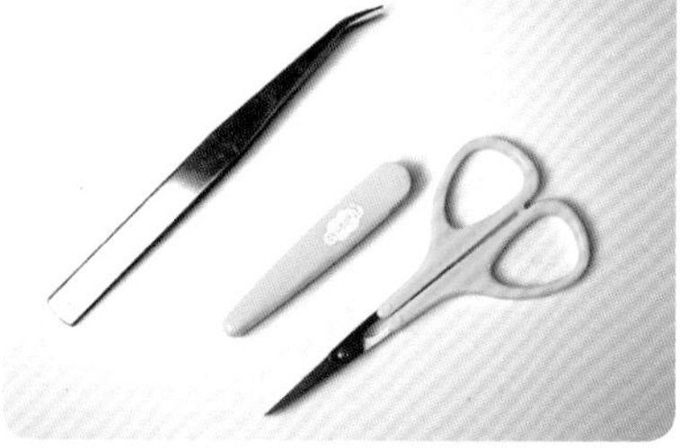

小剪刀、夾子

在製作造型便當時，可以準備一支專門剪海苔的小剪刀，以及順手的夾子，方便裝飾時夾海苔使用。

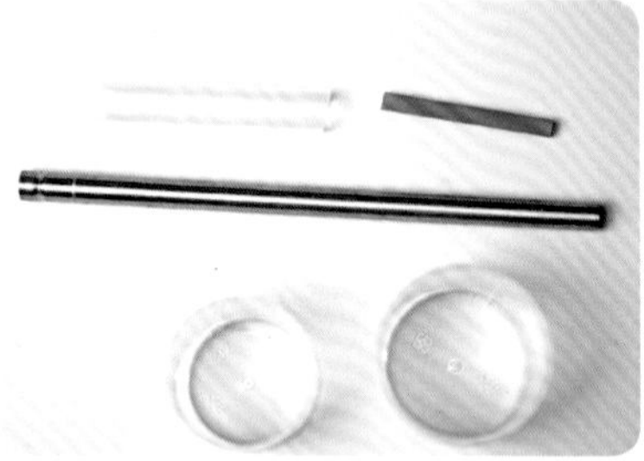

量杯蓋子、吸管

做造型餐需要圓形時，可以依照圓形的大小，分別使用大瓶蓋、小瓶蓋、粗吸管和細吸管，在起司片、火腿片、紅蘿蔔片等壓出不同大小的圓形和橢圓形。

矽膠隔菜盒

耐高溫的矽膠隔菜盒，不僅可以在製作蒸蛋、布丁時使用，也能放在便當盒裡裝水果、堅果、水煮蛋等，讓整個便當盒達到乾濕分離。

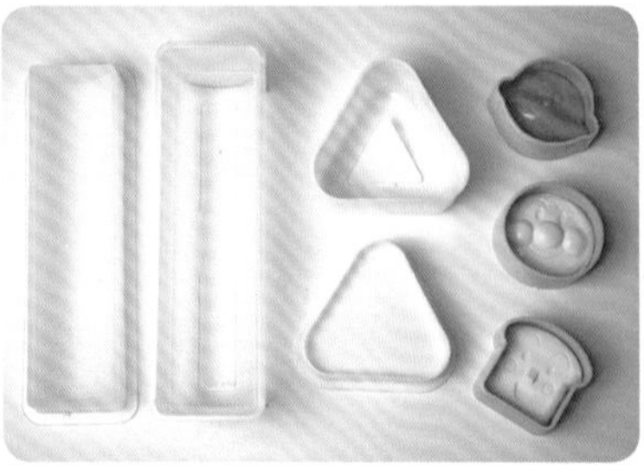

三角飯糰模型／可愛小飯糰模型／不沾壽司模

如果不會用壽司捲的話，可以選擇這種好上手的不沾壽司模，只要依序將海苔、白飯、喜歡的食材放在不沾的壽司模內，再蓋上蓋子，就可以輕鬆完成花壽司。

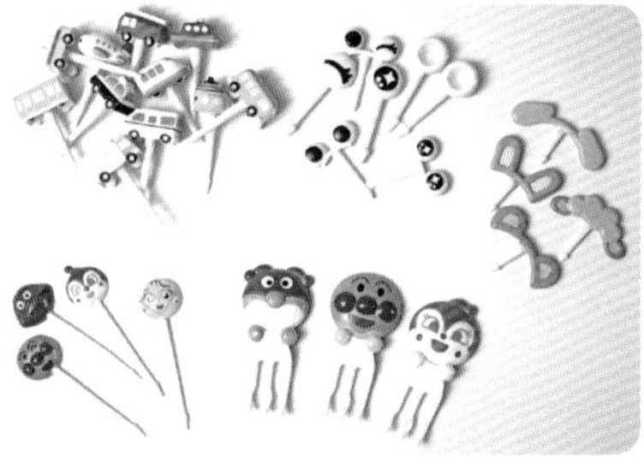

造型小叉子

在坊間有各式各樣不同的造型叉子，有分成三叉、二叉，以及單叉等的叉子，可以依照自己的喜好選購。這些叉子不僅能用來做造型、固定食材，讓餐點看起來更加豐富可口；在孩子吃便當時，也可以拿來當作水果叉、雞蛋叉，以及三明治叉使用。

保鮮膜、烘焙紙

保鮮膜和烘焙紙可用來固定食材，以及固定食材後方便切割，也常用於捏造型飯糰、做壽司，以及製作三明治時使用。

不鏽鋼雙頭挖球器

可用來挖冰淇淋、奇異果、哈密瓜等水果，讓水果有不同的造型，看起來更加美味。

動手玩烘焙的準備

對於烘焙新手來說，選購烘焙工具是個讓人不敢踏入的障礙門檻。一方面是不知道自己需要什麼？該從哪些挑選起？另外一方面，是怕自己三分鐘熱度，買了一堆最後擺在櫥櫃不用。以下是新手可以優先入手的烘焙用具，給對烘焙有點興趣，但又不想要一下子砸大錢的人。

不鏽鋼攪拌盆

建議至少要有 2 個不鏽鋼攪拌盆，因為很多甜點都是分開打蛋黃跟蛋白，準備兩個攪拌盆在操作上會比較方便。至於，怎麼選鋼盆比較百搭？建議是買 24 公分的深盆，因為在打發的過程，真的是超乎你想像的會噴，如果不想要一天到晚洗廚房的話，請毫不猶豫地選擇 24 公分深盆。

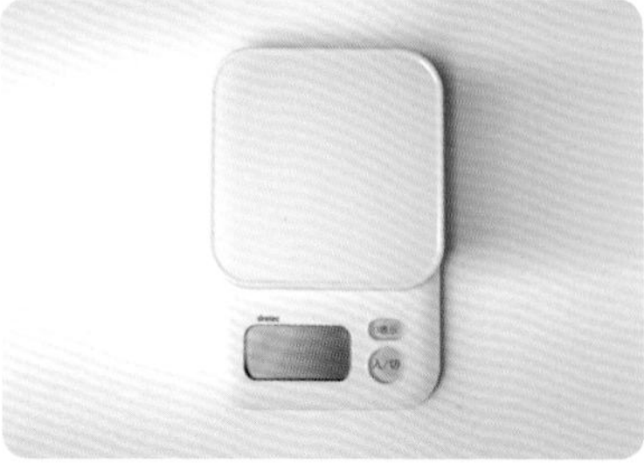

數位食物電子秤

烘焙跟煮菜有點不太一樣，煮菜可依照自己的喜好去調整相對的味道。但烘焙的話，則關係到溫度、濕度，以及食材的公克數。因此，只要一點點差異，就會導致成品不同，一台好用的電子秤就非常重要。

直立型的攪拌機

一台好用的手持攪拌機，真的會讓你省時又省力，如果只想偶爾做蛋糕的話，推薦價格較親民的手持攪拌機。當然，如果預算無上限，可以直接購買桌上型，或者是直立型的攪拌機，能同時做麵包或蛋糕等甜點。

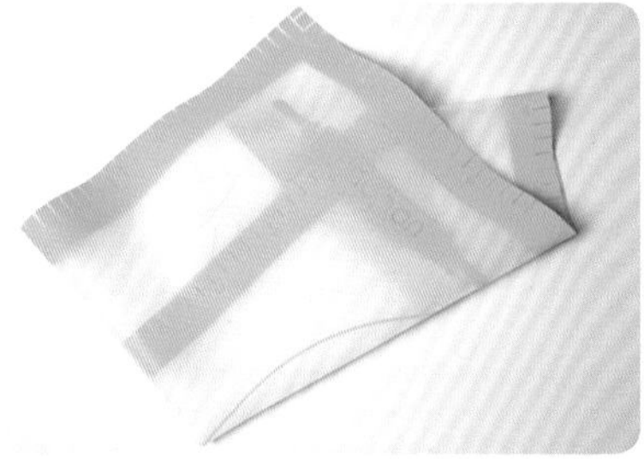

矽膠麵糰工作墊

揉麵糰時可鋪在桌面上的工作墊。

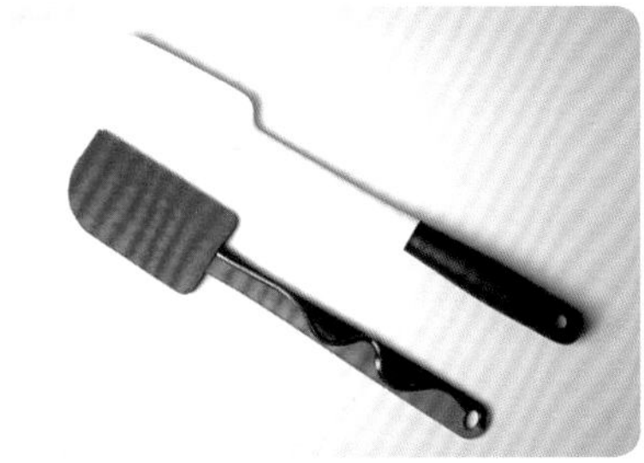

刮刀

刮刀可以用在攪拌和刮乾淨盆邊的打發蛋白、蛋糕麵糊。

不鏽鋼篩網

最主要是將麵粉、糖粉裡的雜質去除，或者恢復已受潮結塊的麵粉，以便於提升成品，讓蛋糕吃起來能有更細緻的口感。

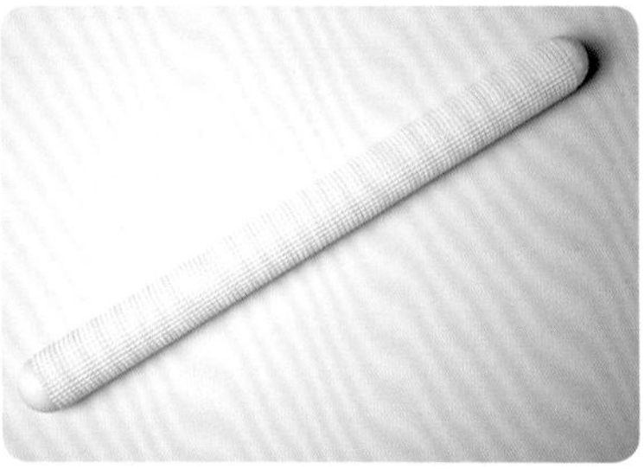

排氣擀麵棍

如果你常在做麵包的話，那排氣擀麵棍是必備品。因為它在麵糰排氣時，只要利用擀麵棍把麵糰擀平，就能讓麵糰順利排氣。至於，在材質的選擇上，可以依照喜好選擇木頭、金屬或是塑膠。

切麵刮板

做麵包時分割麵糰的必備工具。

蛋糕奶油抹刀

對新手來說，大面積的一次抹平奶油，可以減少在塗抹奶油時不均勻的狀況發生，建議選擇比較長的抹刀。

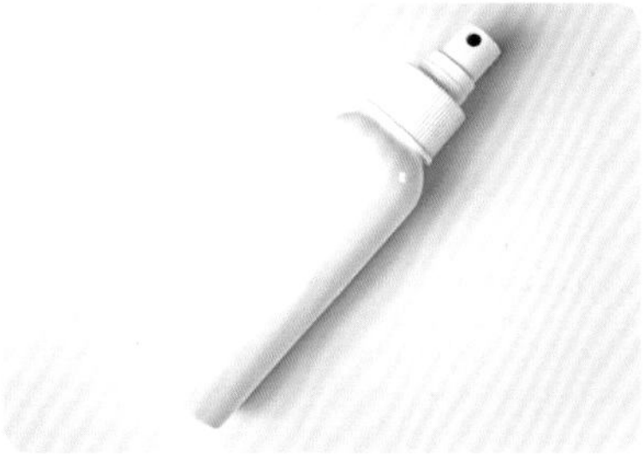

噴瓶

有時候在發酵麵糰上，或者回烤麵包需要噴水時，小噴瓶就很方便操作使用。

料理刷

麵包表面需要塗抹時，可拿來沾蛋液跟奶油使用。

不沾蛋糕模、吐司模型、戚風蛋糕兩用模

針對這類的模具產品，視個人的使用需求。

做早餐的食材推薦

一般的早餐選擇，除了有米飯、麵包、地瓜、馬鈴薯和玉米等主食澱粉外，通常也會搭配一些雞蛋、蔬菜、水果、堅果、起司，以及肉類等食材，不僅吃得飽，同時充分攝取足夠的營養，讓每一天的開始都活力滿滿又開心。

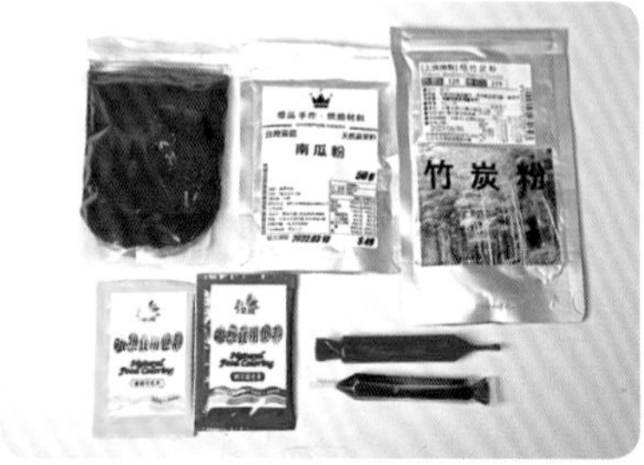

巧克力筆、天然色素粉

在製作飯糰、麵包，或者是繪製造型人物的表情時，常常會使用到天然色素粉，或者是巧克力筆。這類產品可以依照個人需求在烘焙行購買。巧克力筆的顏色選擇很多，只要在使用前，將巧克力筆泡在熱水融化即可使用。天然色素可以分成液體和粉狀兩種。

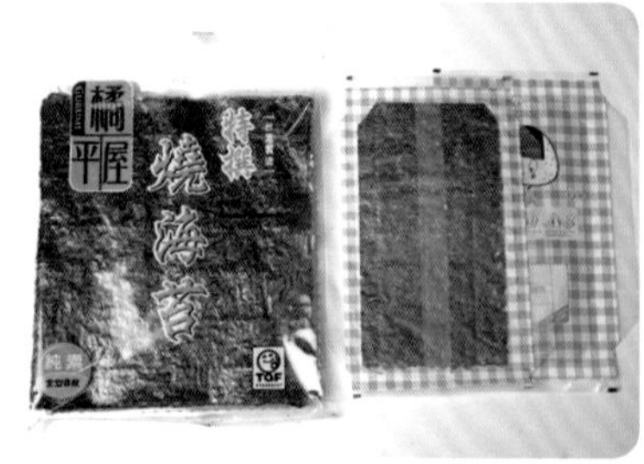

壽司海苔片

無調味的海苔片除了適合拿來包飯糰、做壽司，也非常適合搭配海苔造型壓模，做出各種不同造型便當的表情。如果海苔片沒用完，請務必連同乾燥劑一同裝進密封袋封好再冷藏，並盡早使用完畢，以避免海苔變軟而影響口感。

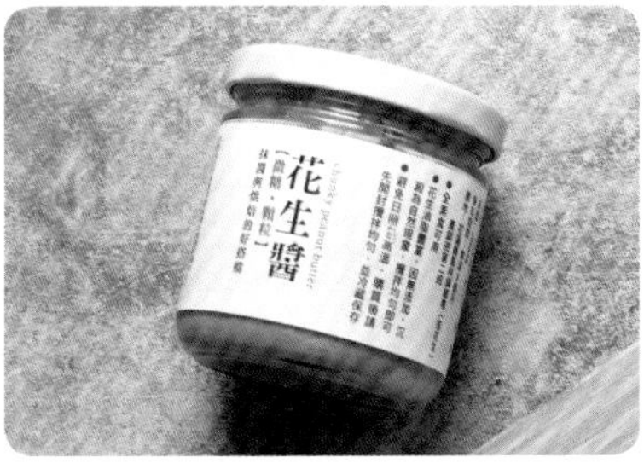

花生醬

目前市售的花生醬選擇很多，在口味上可分成加砂糖和無砂糖的兩種選擇；在口感上，可分為滑順綿密和帶有顆粒感的兩種口味。

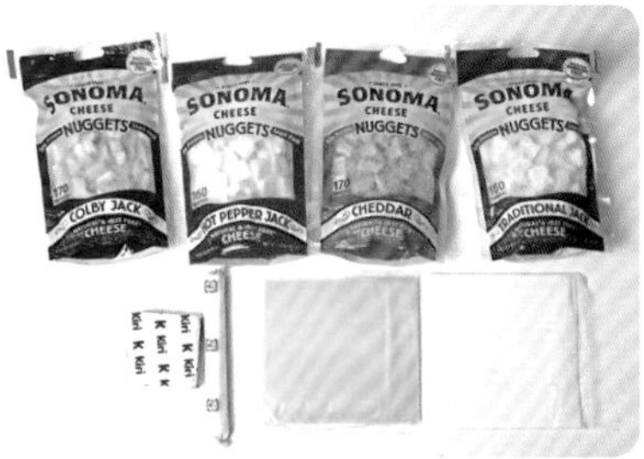

乳酪

市面上的乳酪種類非常多，是補充蛋白質的很好來源，可以依照自己喜好的風味，選擇不同的乳酪。一般在製作造型便當時，可選擇起司片，因為質地柔軟，非常適合壓模使用。

堅果

一天一小把堅果，不僅有助於維持心血管健康，更富含蛋白質、維生素、纖維質等，但請記得一天大概就是15克左右的堅果（約5～10顆），不可過量，以免攝取過多導致肥胖。

火腿、培根片

市售的火腿和培根選擇非常多，建議可以挑少鹽、減醣。或者在料理前，也可以先川燙，用平底鍋煎酥，或者再用烤箱加熱即可。

新鮮水果

建議以當季水果為主，除了營養價值高，價格也通常較優惠。至於分量，一餐以不超過一個拳頭為主。

川燙青菜、烤蔬菜

建議以當季蔬菜為主，可以選擇紅蘿蔔、玉米筍、玉米、甜椒、 櫛瓜、青花菜、花椰菜、小松菜等，除了顏色鮮艷讓人食指大動，營養價值也很高。

雞蛋

雞蛋的價格親民，營養價值高，可與不同食材做搭配，更因為料理方式不同，做甜做鹹都好吃。只要運用一些小撇步，就可以讓看似平凡的雞蛋，美味瞬間大大提升。

早餐一定要有蛋

水煮蛋

① 取 2 張廚房紙巾，對折 2 次，沾濕放入電鍋。

② 放入從冰箱拿出用水洗過的雞蛋，待開關鍵跳起即完成。

水煮蛋▶破雞蛋

⇒

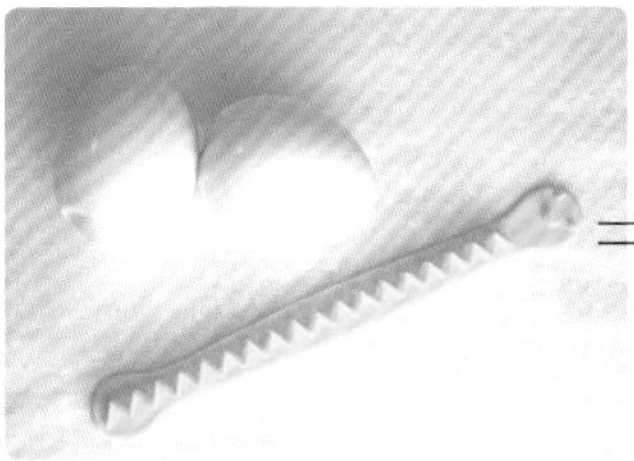

⇒

把剝完殼的雞蛋平放在雞蛋刻花棒上，接著稍微往下用力壓約 0.1 公分深，將雞蛋沿著雞蛋刻花棒轉 360 度，就能做出美麗的破雞蛋。

水煮蛋▶偽裝成蜜蜂的蛋

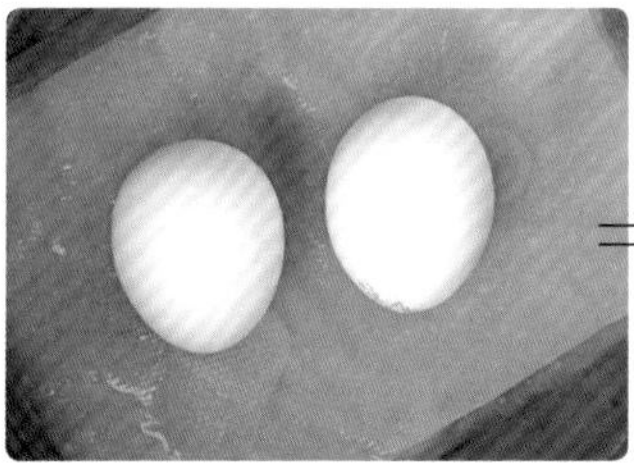

⇒

（相關作法參考 P58）

水煮蛋▶偽裝成熊的蛋

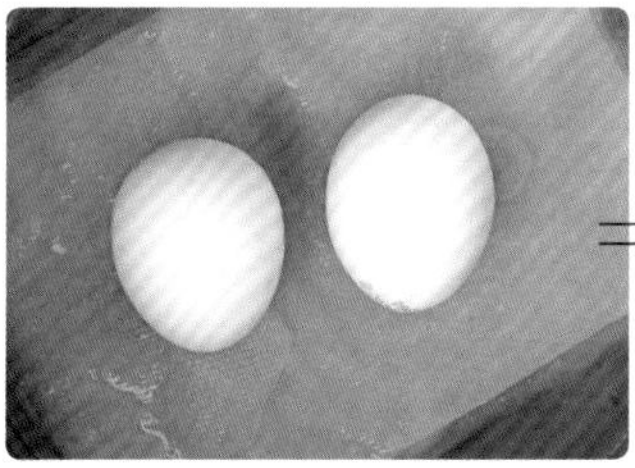

⇒

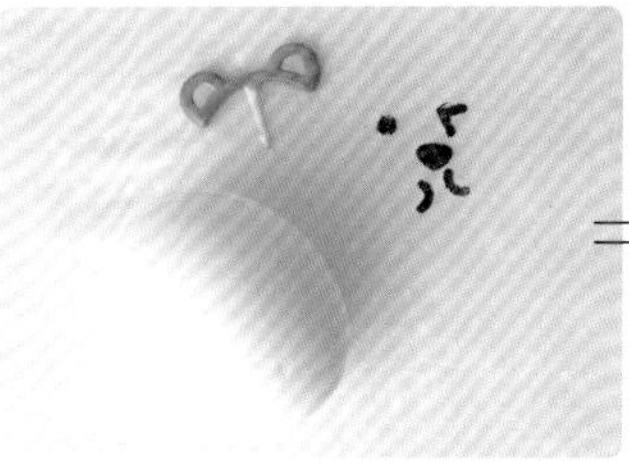

⇒

（相關作法參考 P110）

日式蒸蛋

食材 *Ingredients*

- 雞蛋 3 顆
- 味醂 10ml
- 日式醬油 20ml
- 牛奶 30ml
- 水 300ml

步驟 *Step*

1. 把上述食材充分攪拌均勻並過篩，放進電鍋，外鍋加 1 量米杯的水，鍋蓋和電鍋間留些縫隙，待開關鍵跳起就可享用。

玉米炒蛋

食材 *Ingredients*

- 玉米粒 80g
- 雞蛋 3 顆
- 牛奶 50ml
- 鹽巴 0.5g
- 食用油 2.5ml

步驟 *Step*

1. 從玉米罐頭中取出玉米粒，盡量把多餘水分擠乾。
2. 將雞蛋、牛奶、鹽巴、食用油混合攪拌均勻。
3. 在加了油的不沾鍋裡放入玉米，待炒出香氣，倒入蛋汁炒熟即可。

糖心蛋

食材 *Ingredients*

- 雞蛋 1 顆

步驟 *Step*

1. 取 2 張廚房紙巾，對折 2 次，沾濕放入電鍋。
2. 接著放入從冰箱拿出用水洗過的雞蛋，按下開關鍵煮 9 分鐘。
3. 把煮好的雞蛋放入冰水中浸泡，水溫請保持冰的狀態。

溫泉蛋

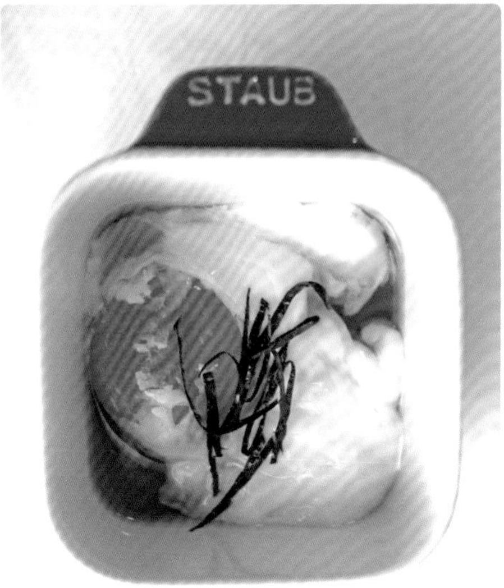

食材 *Ingredients*

- 雞蛋 1 顆
- 日式醬油 2.5ml
- 飲用水 2.5ml
- 海苔絲適量

步驟 *Step*

1. 把水煮開至沸騰後關火，接著從冰箱拿出雞蛋，用水稍微沖洗後，直接放入關火的熱水中浸泡 18 分鐘。
2. 把雞蛋放置冰水中降溫，就可以剝殼。
3. 日式醬油和飲用水以 1:1 的比例調配醬汁，最後淋在溫泉蛋上，再依照喜好灑上海苔絲。

玉子燒

食材 *Ingredients*

- 雞蛋 3 顆
- 食用油 5ml
- 牛奶 45ml
- 細砂糖 1g
- 鹽巴 1.5g

步驟 *Step*

1. 把雞蛋、細砂糖、牛奶和鹽巴混合攪打均勻備用。
2. 在玉子燒鍋內倒入食用油，依序一層一層的煎蛋再捲，這個動作重複四次，堆疊成厚蛋。

水波蛋

食材 *Ingredients*

- 雞蛋 1 顆
- 白醋 10ml
- 鹽巴 1g

步驟 *Step*

1. 在滾水中加入白醋和鹽巴攪混。
2. 把冷藏的生雞蛋打入滾水中，再邊用湯勺順時鐘輕輕攪拌，在鍋中煮約 1 分 10 秒。
3. 將雞蛋撈出，並浸泡在冰水中降溫。

Tips

步驟 2 的另一個作法：在湯勺上塗抹一層淡淡的麻油，接著把生雞蛋打在已抹麻油的湯勺上，在滾水鍋內煮 1 分 10 秒。

太陽蛋

食材 *Ingredients*

- 雞蛋 1 顆
- 食用油 1ml

步驟 *Step*

1. 在平底鍋中倒入食用油，接著打入雞蛋。
2. 用小火煎至蛋白從透明變成白色時，可以在鍋內放入一小塊冰塊，接著蓋上鍋蓋續煎至蛋白熟透、蛋黃呈現表面熟內裏糖心狀。

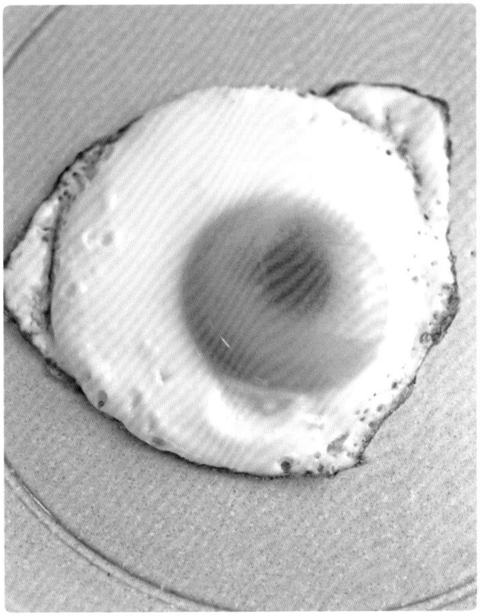

Tips

在鍋中放入一小塊冰塊、再蓋上鍋蓋，可以讓鍋內的水氣增加，蛋黃表面會有一層薄薄的膜，帶有一點蒸的作法，吃起來會更加滑嫩順口

荷包蛋

食材 *Ingredients*

- 雞蛋 1 顆
- 食用油 1ml

步驟 *Step*

1. 在平底鍋中倒入食用油，接著打入雞蛋。
2. 用小火煎至蛋白從透明變成白色時，就可以翻面續煎，煎至蛋白熟透、蛋黃呈現自己喜歡的熟度。

主食備料：基礎麵糰

基礎麵糰——直接法

本書所分享的麵包都是「直接法」製作而成，是最快速、也較適合新手的一種麵包作法，雖然是用最短的發酵時間，但最能展現小麥風味。唯一缺點是麵包的保水度略差一點。

做好的麵包和吐司，若想要保持剛出爐時的美味口感，建議可以等麵包放涼後，用塑膠袋把麵包封好再放進冰箱冷凍保存，而非冷藏保存。因為，麵包放在冰箱冷藏時，會吸收冰箱內的空氣或水氣而影響口感，吃起來柴柴的。

通常冷凍的麵包可以保存約 7 天左右，食用前，直接取出放在常溫下自然解凍，或者也可在冷凍的麵包表面噴水，再送進烤箱以 160 度回烤 3 ～ 5 分鐘，就會恢復剛出爐時軟軟綿密的口感。

Tips

麵糰拉出薄膜

將麵糰拉出薄膜是需要經驗和手感的累積，照著食譜一步一步的放入所有材料，也可能會做失敗。正確來說，麵糰軟硬是需要根據當下做的麵糰狀態，再稍微調整水量和麵粉含量。如果手邊沒檢測工具的話，可以觀察麵糰摸起來是不是有點濕，是不是已經揉到盆光、手光、不黏手的狀態。切記揉麵糰時不可過度攪拌，過度的攪拌雖然有薄膜，但麵糰拉開時卻容易破洞、斷筋，所以建議可以多練習幾次找出手感。

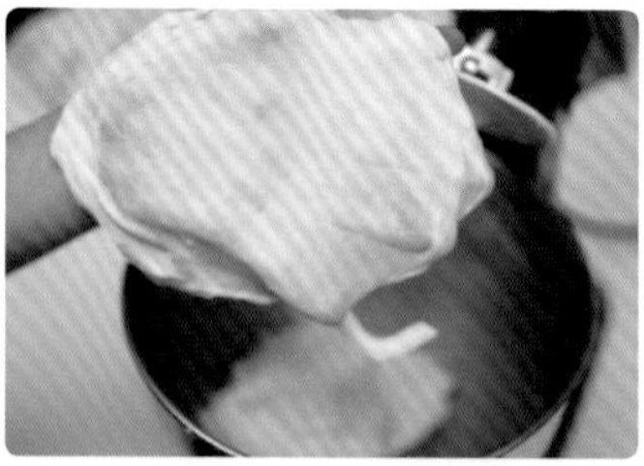

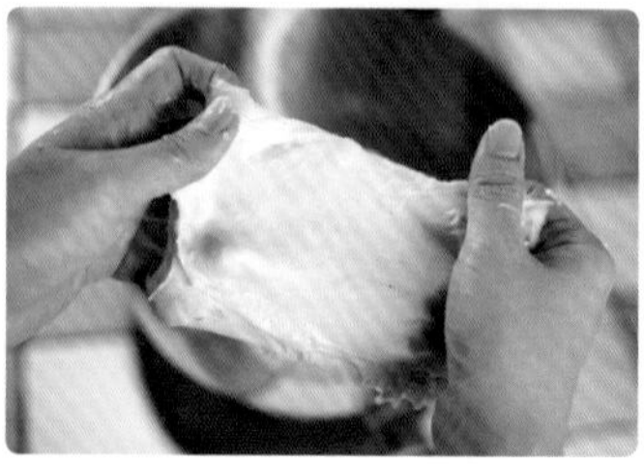

Tips

如何判斷麵糰是否發酵？

1 觀察麵糰膨脹的體積：發酵過程中產生的二氧化碳，會讓麵糰膨脹。只要給足時間發酵、適當的溼度，以及溫度，麵糰應該能膨脹至少為原先的 2 倍大。

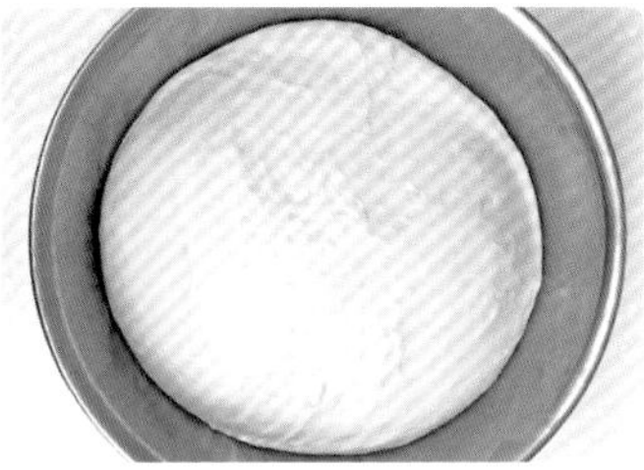

2 觀察麵糰的外觀和觸感：發酵好的麵糰表面光滑，手摸起來不黏且乾燥，輕輕拿起能感受其輕盈感和空氣感。

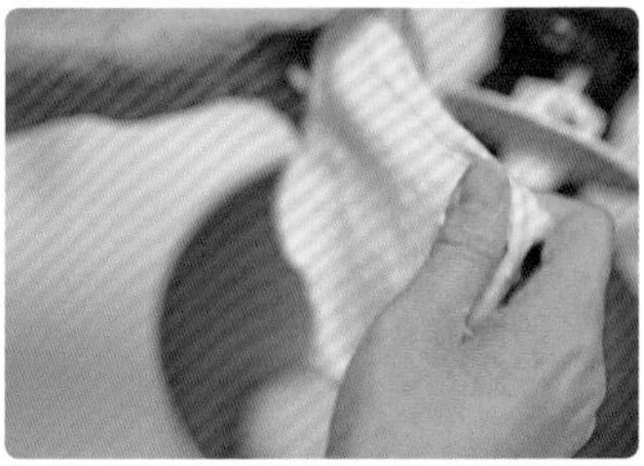

3 手指測試：食指從指尖到第二指節沾滿麵粉，從麵糰中央按下後拔出，按壓下去的凹洞會稍稍回彈，但不會回復至原本的狀態且留下指痕，類似肚臍的樣子。

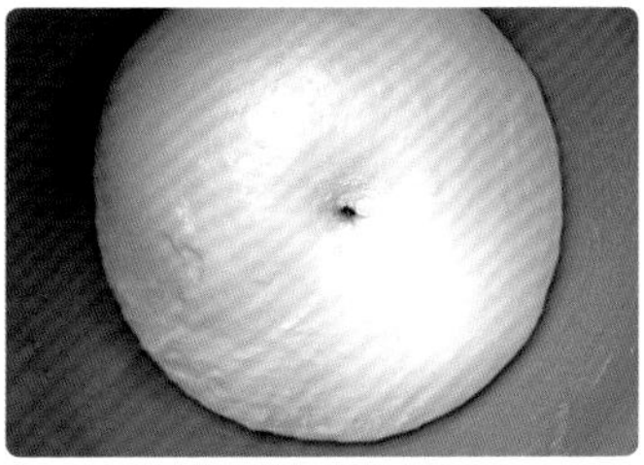

奶油吐司

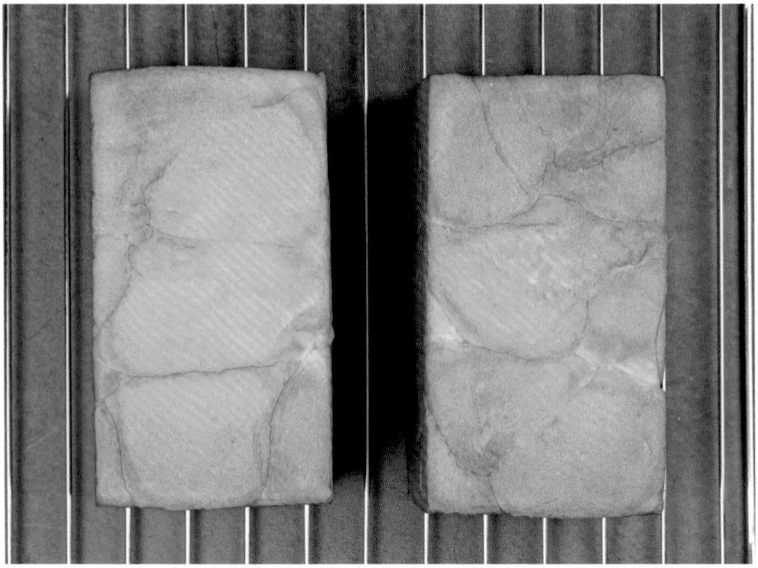

食材 *Ingredients*

- 高筋麵粉 500g
- 即溶速發酵母 5g
- 冰牛奶 280ml
- 鹽 7g
- 細砂糖 50g
- 動物性鮮奶油 30ml
- 奶粉 15g
- 無鹽奶油 35g
- 冷藏雞蛋 1 顆

器具 *Tool*

- 2 個 12 兩的吐司模

步驟 *Step*

1. 先把高筋麵粉、即溶速發酵母、冰牛奶、鹽（不要放在酵母旁邊）、細砂糖、鮮奶油、奶粉、雞蛋混合攪拌均勻，等麵糰稍微揉成球糰狀後，再加入無鹽奶油持續搓揉。剛開始的麵糰摸起來有顆粒且非常黏，一直揉到麵糰撐開可以呈現近似手套膜的狀態。

⇒

⇒

2 將揉好的麵糰收圓後，收口那面朝下，並移至已抹油的調理盆內，在麵糰的表面稍微噴水後蓋上一層保鮮膜，放入烤箱中轉發酵模式 37 度發酵 60 分鐘。

3 將發酵成功的麵糰（會是原來麵糰的 2 倍大），可以用手指測試是否發酵成功。

4 從盆中移出發酵好的麵糰後，可用手拍壓出大氣泡，或者使用擀麵棒把空氣排出。接著，將麵糰分成 6 等份，每個約 160 克，再捲成銀絲卷狀。在小麵糰的表面稍微噴水後，再次蓋上保鮮膜做二次麵糰放鬆約 5 分鐘。

5 最後幫麵糰再次整形、排氣、擀成長方形，並捲成銀絲卷狀，在 12 兩的吐司模裡放入 3 個收口朝下的麵糰，並保持距離。接著在麵糰的表面稍微噴水後，蓋上蓋子，放置烤箱中轉發酵模式 37 度發酵 60 分鐘，等麵糰大概長大至 7 分滿的高度。

6 在麵糰表面塗抹奶油，蓋上蓋子送進烤箱，以上火 230 度、下火 190 度烘烤 10 分鐘。接著打開蓋子，繼續以上火 230 度、下火 190 度烘烤 30 分鐘。

2-2

2-3

3

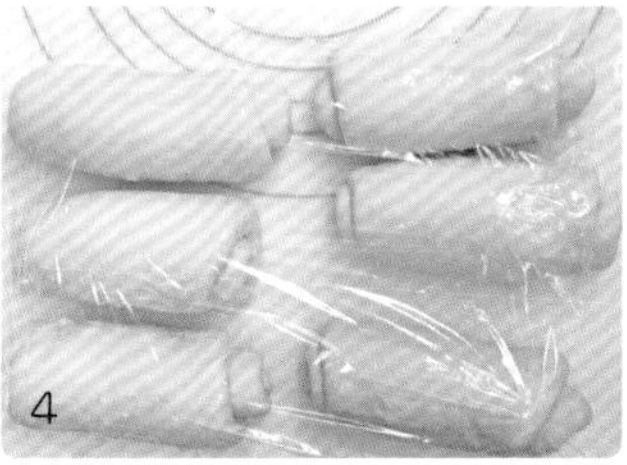
4

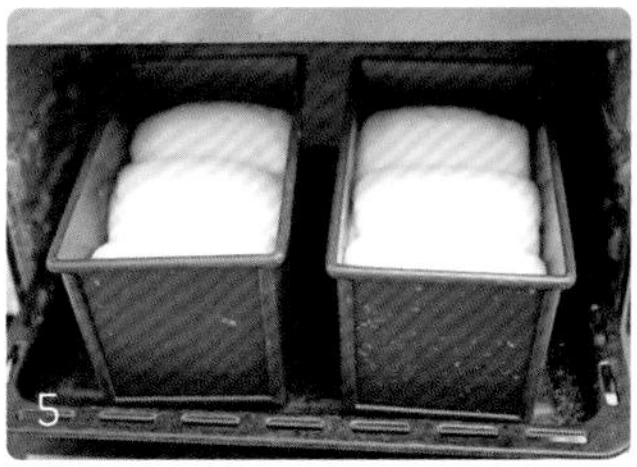
5

Tips

1 在擺放即溶速發酵母和鹽巴時，記得要放在兩個對角，以避免鹽巴會抑制酵母的活躍。

2 酵母的作用需要糖來提供營養，可以讓麵糰發酵的更好，所以糖的比例至少約 8 ～ 10% 左右。但也不能放過多酵母，發酵過度的麵糰所烤出來的麵包，不僅口感不好，外觀也不漂亮。

丹麥吐司

食材 *Ingredients*

- 高筋麵粉 500g
- 即溶速發酵母 5g
- 冰牛奶 300ml
- 鹽 6g
- 細砂糖 50g
- 奶粉 15g
- 無鹽奶油 30g
- 冷藏雞蛋 1 顆
- 杏仁粒適量
- 無鹽奶油 80g（包裹在丹麥麵包麵糰內使用）

器具 *Tool*

- 2 個 12 兩的吐司模

步驟 *Step*

1. 先將高筋麵粉、即溶速發酵母、冰牛奶、鹽、細砂糖、奶粉、雞蛋放入攪拌機用 2 速攪拌，等麵糰成糰後加入無鹽奶油，改以 4 速攪拌，等到呈現盆光、麵糰光就能輕鬆拉出薄膜。
2. 將揉好的麵糰收圓後，收口那面朝下，並移至已抹油的調理盆內，在麵糰的表面稍微噴水後，蓋上一層保鮮膜，放入烤箱中轉發酵模式 37 度發酵 60 分鐘。
3. 接著把兩片各 40g 的無鹽奶油擀平後，用保鮮膜包好放冰箱冷藏備用。

4 將發酵成功的麵糰（會是原來麵糰的 2 倍大），這時可以用手指測試是否發酵成功。

5 從盆中移出發酵好的麵糰後，可用手拍壓出大氣泡，或者使用擀麵棒排出空氣。接著把麵糰平均分成兩個，並且擀平成兩個大的長方形，分別包進冷藏過後的 40g 無鹽奶油，左右兩側往內折變成長方形後，接著從上下再往內折，這樣動作重複三次（每次折完都放冷藏 15 分鐘休息一下）。

6 接著把麵糰擀平後，在底部 3/4 處切割出 4 ～ 5 條的分支，接著以編辮子的方式，將這幾條麵糰條編成辮子，最後再把辮子最後收尾的麵糰收口朝下，並放入 12 兩的吐司模中。接著在麵糰的表面稍微噴水，蓋上蓋子，放入烤箱中轉發酵模式 37 度發酵 60 分鐘，等麵糰大概長大至 7 分滿的高度。

7 在麵糰上塗抹蛋黃液（分量外），並撒上適量的杏仁粒，放入烤箱以上火 220 度、下火 180 度烘烤 10 分鐘，接著打開蓋子後，繼續以上火 220 度、下火 180 度烘烤 25 分鐘。

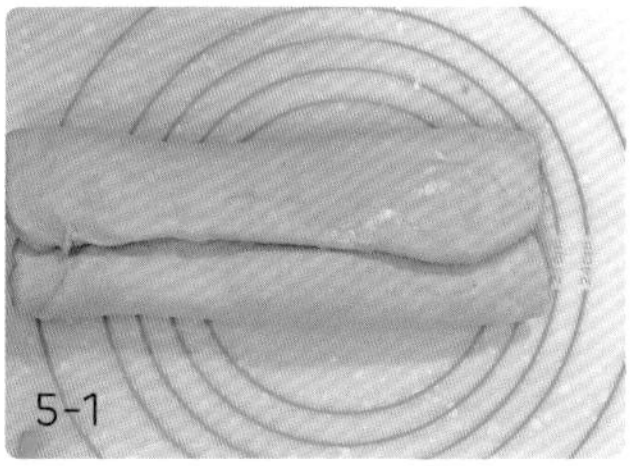
5-1

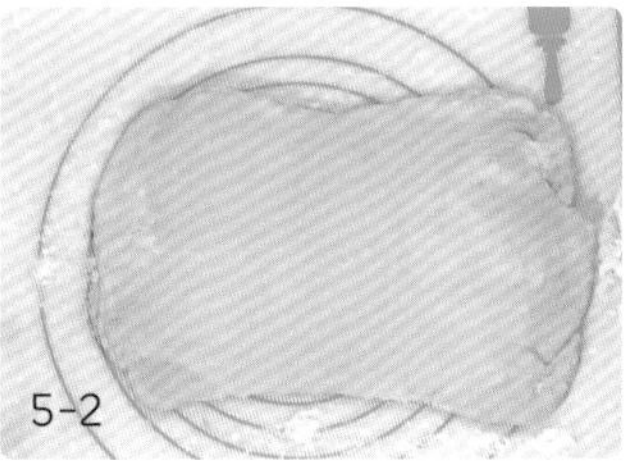
5-2

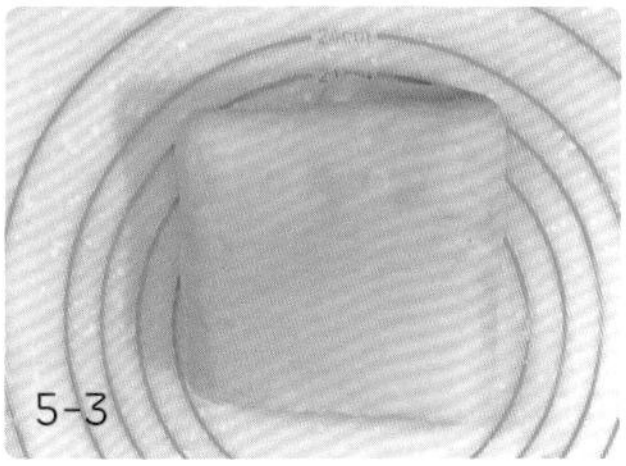
5-3

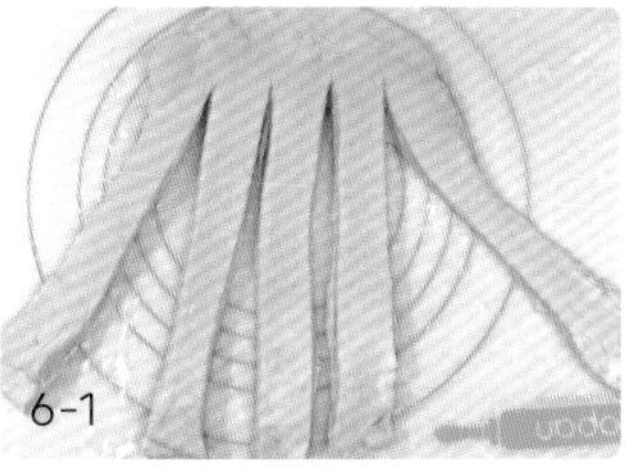
6-1

6-2

7

奶油餐包

食材 Ingredients

- 高筋麵粉 250g
- 細砂糖 20g
- 鹽 3g
- 即溶速發酵母 3g
- 無鹽奶油 15g
- 冷藏雞蛋 1 顆
- 冰牛奶 155ml
- 奶粉 10g

步驟 Step

1. 把高筋麵粉、細砂糖、鹽、即溶速發酵母、雞蛋、冰牛奶、奶粉混合攪拌均勻，加入無鹽奶油後開始揉麵糰，揉到顆粒感完全消失，麵糰表面光滑，且可以拉出薄膜。

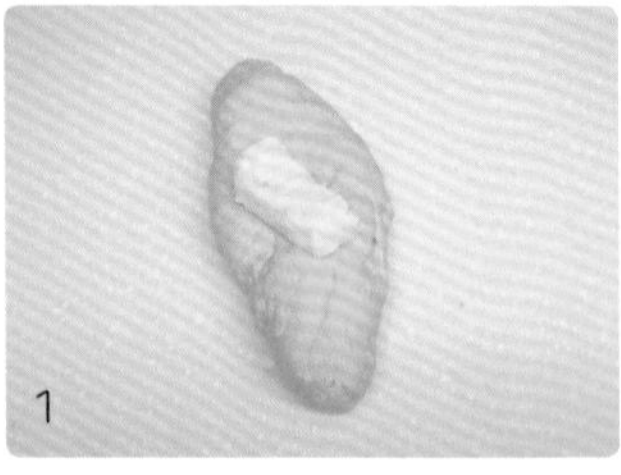

1

2 把揉好的麵糰收圓後，收口那面朝下，並移置抹油的調理盆裡，在麵糰表面噴水，並蓋上一層保鮮膜。夏天的話，可直接進行室內發酵約 60 分鐘。

3 發酵好的麵糰，會是原來麵糰的 2 倍大。等發酵完成後從盆中移出，用手拍壓出大氣泡，把大麵糰分成 8 等份，再次排氣滾圓表面噴水後，蓋上保鮮膜，做二次麵糰放鬆約 10 分鐘。

4 接著幫麵糰整形、排氣、滾圓後放置烤箱中，並在麵糰旁邊擺一杯熱水，烤箱轉發酵模式 37 度發酵 50 分鐘。這時候麵糰會再長大 1.5 倍左右，就可以在表面上塗抹蛋黃液（分量外）。

5 把麵糰放入烤箱，以上火 210 度、下火 190 度烘烤 15 分鐘，烤至一半時，可以把烤盤轉 180 度，讓每個麵糰都受熱均勻。

3

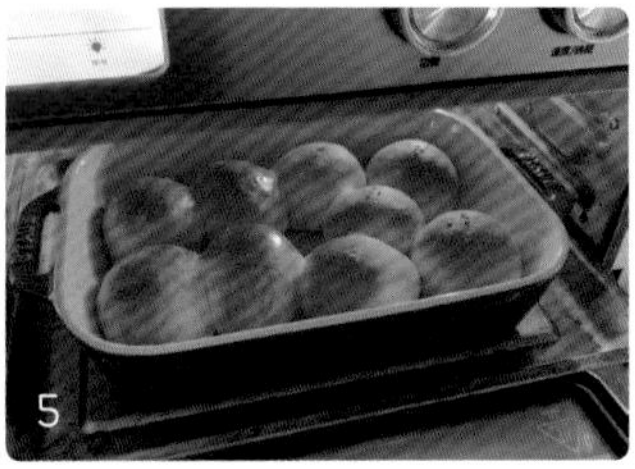
5

Tips

1 如果烤箱沒有上下溫度的話，可以把食譜中的上火、下火溫度加起來，再除以二，例如：烤箱上火 210 度、下火 190 度烤 15 分鐘，則可以轉換成以 200 度烤 15 分鐘。但因為每台烤箱的功率都不太一樣，建議在第一次烘烤時，可依據每次烤出來的成品做紀錄，找出最適合自己烤箱的溫度跟時間。

2 剛出爐的麵包雖然香氣四溢，但不建議馬上食用，因為麵包剛烤好時熱熱的，還布滿著酵母發酵時的二氧化碳，吃多了容易脹氣造成胃不舒服。因此，建議要等麵包稍微降溫冷卻後再吃。

鹽奶油捲

食材 *Ingredients*

・鹽奶油捲

- 高筋麵粉 300g
- 細砂糖 36g
- 鹽 4g
- 即溶速發酵母 3g
- 無鹽奶油 45g
- 冷藏雞蛋 1 顆
- 冰牛奶 165ml

・內餡

- 有鹽奶油 65 g

步驟 *Step*

1. 把高筋麵粉、細砂糖、鹽、即溶速發酵母、雞蛋、冰牛奶混合攪勻，加入無鹽奶油後開始揉麵糰，揉到顆粒感完全消失，麵糰表面光滑，且可以拉出薄膜。
2. 把揉好的麵糰收圓後，收口那面朝下，並移置抹油的調理盆裡。在麵糰表面噴水後，並蓋上一層保鮮膜。夏天的話，可直接進行室內發酵約 60 分鐘。

③ 發酵好的麵糰，會是原來麵糰的 2 倍大。等發酵完成後從盆中移出，用手拍壓出大氣泡，把大麵糰分成 13 等份，每份約 45g，再次排氣、滾圓、表面噴水後蓋上保鮮膜，做二次麵糰放鬆約 10 分鐘。

④ 接著幫麵糰整形、排氣、滾圓後，把小麵糰擀平成倒三角形的漏斗狀，在最寬處放入有鹽奶油 5g，把麵糰由寬至窄的方向捲後放置烤箱中，並在麵糰旁邊擺一杯熱水，轉發酵模式 37 度發酵 50 分鐘。這時候麵糰會再長大約 1.5 倍，並在已發酵完成的麵糰表面塗抹融化的奶油，和灑上海鹽（分量外）裝飾。

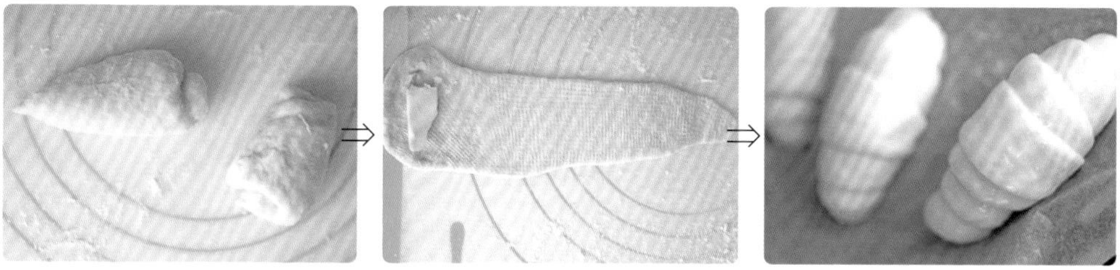

⑤ 把麵糰放入烤箱，以上火 220 度、下火 200 度烘烤 15 分鐘，烤至一半時，可以把烤盤轉 180 度，讓每個麵糰都受熱均勻。

Tips

1 麵糰放在烤箱內發酵時，可以擺杯熱水，增加濕度。

2 本書奶油吐司、奶油餐包、鹽奶油捲，都是較偏向日式和台式麵包，所以砂糖的含量高於麵粉用量的 8%，建議選擇高糖即溶速發酵母。如果在製作麵包中額外添加其他含糖食材，例如蜂蜜、果醬的話，則可自行稍微調整砂糖量。

主食備料：五穀根莖類

馬鈴薯和地瓜都是非常好的原型澱粉，可以趁著周末提早把一個禮拜的分量做好，放入冷凍庫保存約一週。食用前，只需在前一晚拿出來冷藏退冰，隔天早上進行加工加熱料理，是不是很方便！

地瓜、馬鈴薯

氣炸烤箱

地瓜和馬鈴薯充分清洗乾淨後，將整顆連皮一起放置氣炸烤箱內以 230 度烤 35 分鐘。

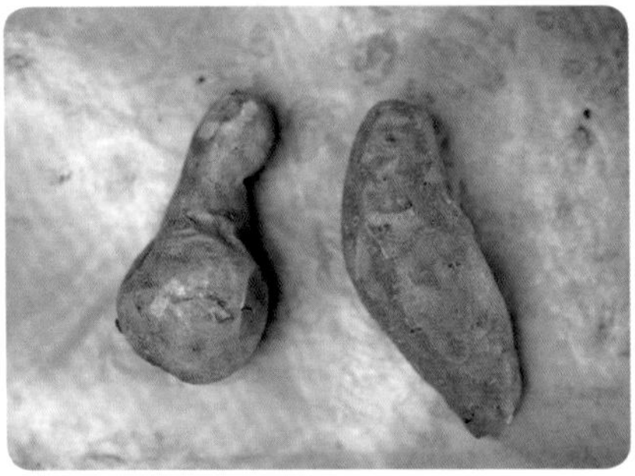

電鍋

地瓜和馬鈴薯充分清洗乾淨後，將整顆連皮一起放在電鍋裡，以外鍋 2 量米杯水蒸熟至地瓜、馬鈴薯可輕易用筷子穿透。

玉米

把整根玉米用流動水清洗乾淨，去除外皮後放進電鍋，直接在外鍋放 1 量米杯水蒸熟，食用前可依照喜好撒適量的鹽巴。

早餐基礎配料

奶油迷迭香醬

食材 *Ingredients*

- 迷迭香 2g
- 無鹽奶油 50g
- 鹽巴 1g

步驟 *Step*

1. 用流動水將迷迭香洗乾淨，以餐巾紙擦乾水分，接著把葉子摘下、再切成末。
2. 取一小碗，加入迷迭香、奶油、鹽巴一起攪拌均勻。

⇒

Tips

可把製作好的迷迭香奶油醬放在烘焙紙上，抹平約厚度 0.1 公分，重複動作依序堆疊後放進冰箱冷凍，約可保存 1 ～ 2 周，只要在使用前取需要的分量即可。

大蒜奶油醬

食材 *Ingredients*

- 蒜頭 10g
- 無鹽奶油 35g
- 鹽巴 1g

步驟 *Step*

1. 把蒜頭洗乾淨，用餐巾紙擦乾水分，接著去除外殼、切成蒜末，最後放入奶油、鹽巴一起攪拌均勻。
2. 在食用時，可直接塗抹在麵包上，送進烤箱烤至醬料融化呈現金黃色即可食用。

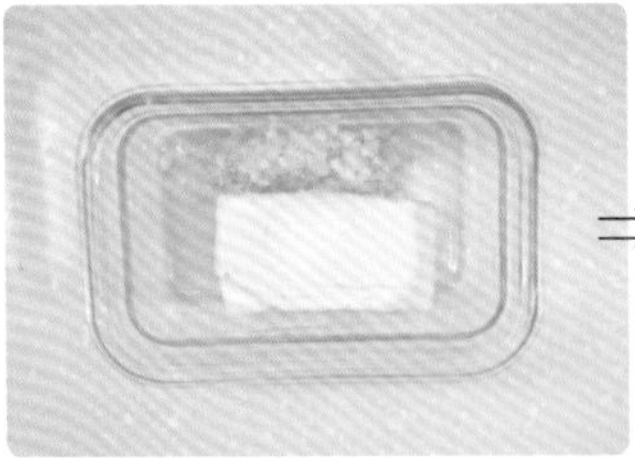

⇒

Tips

預先做好的大蒜奶油醬放涼後，可放進已消毒的玻璃器皿中，密封蓋上放進冰箱冷凍，約可保存 3 ～ 5 天。

核桃杏仁奶酪醬

食材 *Ingredients*

- 奶油乳酪 216g
- 核桃 30g
- 杏仁 30g
- 細砂糖 35g
- 水 15ml

步驟 *Step*

1. 先把核桃和杏仁鋪平在烤盤上，送進烤箱以 160 度烘烤約 5 分鐘，直到香氣被烤出來，表面稍微變深色，但注意不可以烤到焦，接著放涼備用。
2. 在鍋子內倒入細砂糖和水混合後，以中小火加熱，並持續用湯匙攪拌至糖漿呈現焦糖色。
3. 把核桃和杏仁倒入糖漿中，攪拌 30 秒至整個被糖漿包裹住，之後再把焦糖核桃杏仁攤平在烘焙紙上放涼備用。
4. 最後把焦糖核桃杏仁、奶油乳酪一起放入攪拌機，攪打至自己喜歡的顆粒大小。

Tips

1 核桃奶酪抹醬的甜度可依個人喜好調整砂糖量。

2 如果喜歡多一點核桃顆粒口感，可以留部分核桃，直接拌入已經用攪拌機打好的核桃奶酪醬。

3 做好的核桃奶酪抹醬可以抹平在烘焙紙上，並分裝成一小塊，放進冰箱冷凍保存 1～2 周，使用前只需要從冷凍庫拿出退冰，就可直接塗抹在麵包上食用。

奶酥醬

食材 *Ingredients*

- 無鹽奶油 80g
- 糖粉 23g
- 全脂奶粉 47g
- 雞蛋 1 顆
- 鹽 1 小搓

步驟 *Step*

1. 先用攪拌機把無鹽奶油打鬆至整個軟化狀況，接著加入糖粉、雞蛋、全脂奶粉，以及鹽巴攪拌均勻。
2. 製作完畢的奶酥醬，可在烘焙紙上用擀麵棍擀平成長方形，進行分裝保存。

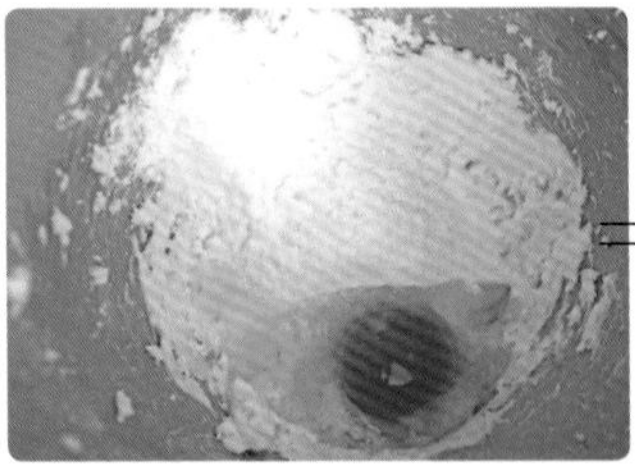

⇨

Tips

1 做好的奶酥醬可以用烘焙紙分裝成一小片一小片，放進冰箱冷凍約可保存 1 周，使用前只需要從冷凍庫拿出退冰即可。

2 因為這個配方的奶酥醬有雞蛋，建議製作完畢後要趁新鮮早點吃。

3 一般烘焙行販售的糖粉有兩種：防潮糖粉和糖粉，防潮糖粉主要是撒在麵包或蛋糕表面裝飾使用，可避免接觸到空氣而受潮出水影響美觀。至於，製作奶酥醬的話，可以選用一般糖粉就好。

芋頭泥

食材 *Ingredients*

- 芋頭 600g
- 牛奶 50ml
- 奶油 6g
- 細砂糖 25g
- 鹽巴 1g

步驟 *Step*

1. 先把芋頭塊放入電鍋內，外鍋放 1.5 量米杯水蒸熟，蒸至可用筷子輕易刺穿芋頭塊。
2. 接著，把蒸熟的芋頭塊碾壓成芋泥後，加上牛奶、奶油、鹽巴和細砂糖，攪拌均勻至芋頭呈現泥狀。

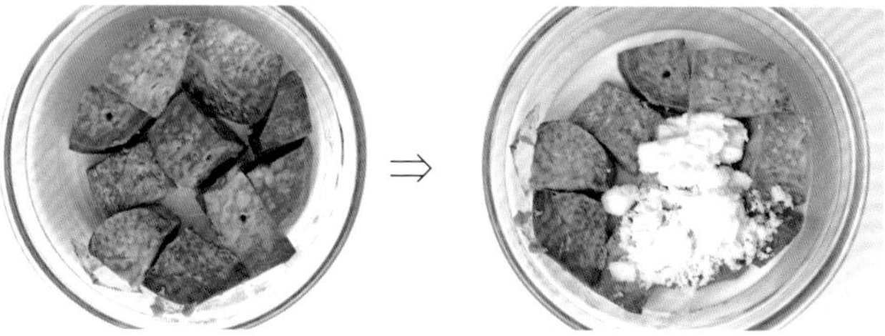

Tips

1 做好的芋頭泥放冷後，放入乾淨無水的密封盒中，送進冰箱冷藏可保存 2 ～ 3 天、冷凍 7 天。

2 蒸熟的芋頭塊可以依照個人喜歡的口感全壓成泥，或保有部分塊狀。

紅豆泥

食材 Ingredients

- 紅豆 1 量米杯
- 水 3 量米杯
- 細砂糖 35g

步驟 Step

1. 將紅豆稍微清洗過後，把洗滌的紅豆水倒掉，接著在壓力鍋內放入洗好的紅豆和水，先用中小火煮至湯滾後，蓋上壓力鍋蓋，放上配重閥，持續用中小火煮至配重閥開始搖擺後，轉小火煮 10 分鐘。
2. 關火後，要等壓力指示器下降後再移除配重閥，接著就可以依個人喜好加細砂糖攪拌均勻。

⇒

Tips

1 做好的紅豆泥放冷後，放入乾淨的玻璃器皿中密封蓋上，放進冰箱冷藏可保存 2 ～ 3 天。

2 如果是用電鍋煮紅豆泥，把紅豆洗乾淨泡水，並放置冰箱冷藏一晚後把水倒掉，將紅豆和水放入電鍋內（外鍋 1 量米杯的水），重複以上動作直到紅豆軟嫩，接著倒入細砂糖蒸最後一次，蒸到紅豆軟爛。

01

造型早餐

雖然我手殘，

但只要睡很飽，偶而還是會出現的造型早餐們！

營養又超萌的
元氣早餐

黃色小兵蛋包飯

蛋包飯看起來很難，其實料理方法很簡單，
最難的應該就是如何把飯包進薄薄的蛋皮裡吧？
只要掌握技巧，輕鬆完成這道好吃又營養的蛋包飯料理。

食材 *Ingredients*

- 雞蛋 2 顆
- 白飯 2 碗
- 蒜末 5g
- 鹽巴 1g
- 米酒 1.5ml
- 食用油 2ml（蛋皮用）

配菜

生菜、蘋果、
堅果

步驟 *Step*

蛋皮

1 將雞蛋和食用油攪拌均勻後，把蛋液倒入用餐巾紙抹了薄薄一層油（分量外）的不沾平底鍋中，並且盡可能地鋪平，等蛋皮周圍稍微翹起時，就可以輕輕地把蛋皮翻面煎熟，起鍋。

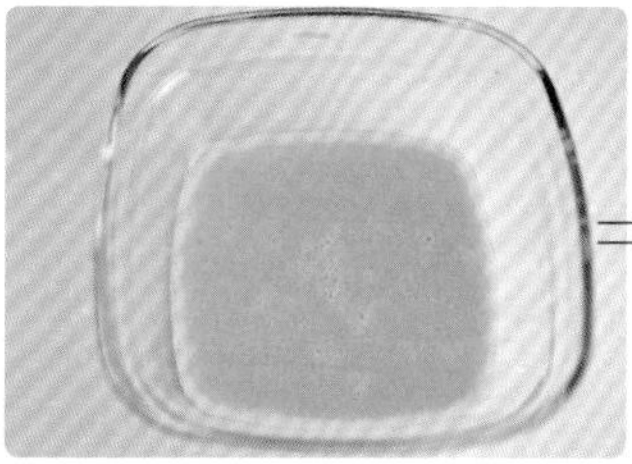
⇒

⇒

炒飯

❷ 先在平底鍋中倒入適量的食用油（分量外），放入蒜末炒至蒜香飄出後，加入米酒和白飯，炒至粒粒分明，再加點鹽巴調味。

❸ 取一小碗，鋪上保鮮膜，把步驟 1 已經煎好的蛋皮攤開在碗中，再將步驟 2 的炒飯放入蛋皮的中心，用保鮮膜把炒飯包裹在蛋皮內，收口朝下便可放入便當盒中。

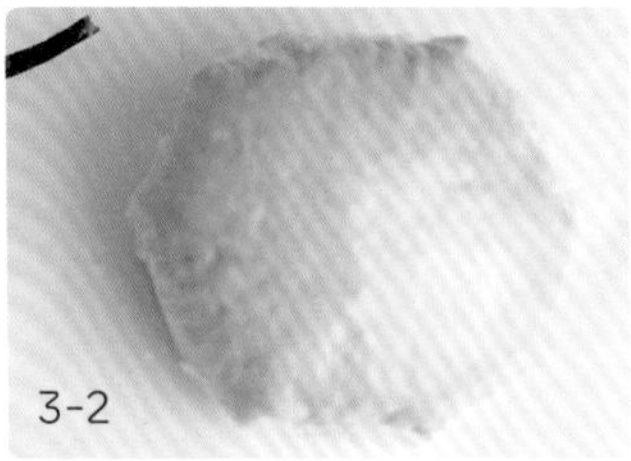

嘴巴

❹ 用海苔造型壓模把海苔片壓出一個大 U，當作微笑嘴巴。

⇒

眉毛、眼睛

❺ 用海苔造型壓模把海苔片壓出兩個小 U 和一個倒「V」，分別當作兩個造型角色的眉毛。

❻ 用剪刀把海苔剪出 4 個圓形跟 2 條細細的長方形，當作眼罩；用吸管在起司片上壓出 4 個小圓形當作眼睛，再用海苔造型壓模把海苔片壓出 4 個小圓形當作眼珠（以上均是兩個造型角色的分量）。

皇冠

❼ 利用星型壓模在紅蘿蔔上壓出小星星，接著用刀子將星星對半切，並在中間位置用一條乾麵條穿過並固定後，插在已經做好的頭上當作皇冠。

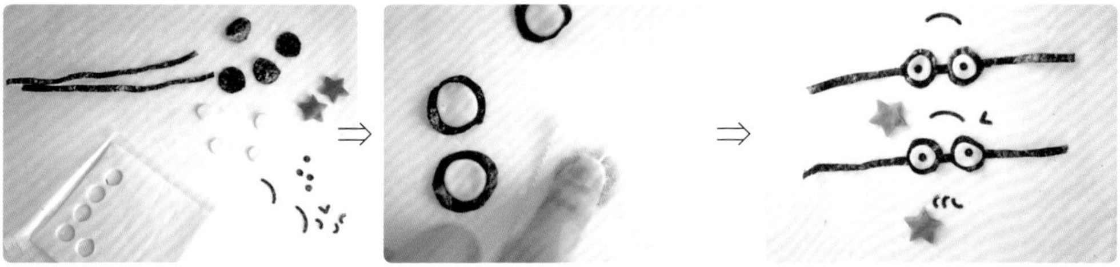

❽ 將蛋包飯放進便當盒後，在縫隙中放入生菜和蘋果丁、堅果裝飾即完成。

Tips

1 若想要蛋皮煎出來是呈現勻稱的金黃色，可事先把雞蛋和食用油攪拌均勻並過篩。

2 將生菜和蘋果放入便當盒前，需用餐巾紙把表面水分充分擦乾。

3 在裝飾造型時，如果想要把食材插在造型上，可運用乾麵條或乾義大利麵當作食材間的支架，讓造型可以更加立體。

運用天然食材中的染色粉
蒜頭雞湯
P259

彩色派對飯

家裡如果有不愛吃飯的孩子，可以在白飯裡加點巧思，
運用天然食材中的染色粉，就可以讓平凡無奇的白飯瞬間變身，
這時候再搭配美味的湯品一起食用，就是頓簡單的早餐料理。

食材 Ingredients

- 白飯
- 咖哩粉
- 紅麴粉
- 日式醬油
- 番茄醬
- 起司片
- 海苔

＊以上食材適量

步驟 Step

事前準備

1. 取四碗白飯，用一點日式醬油、番茄醬、紅麴粉、咖哩粉分別各自拌入後攪拌均勻。

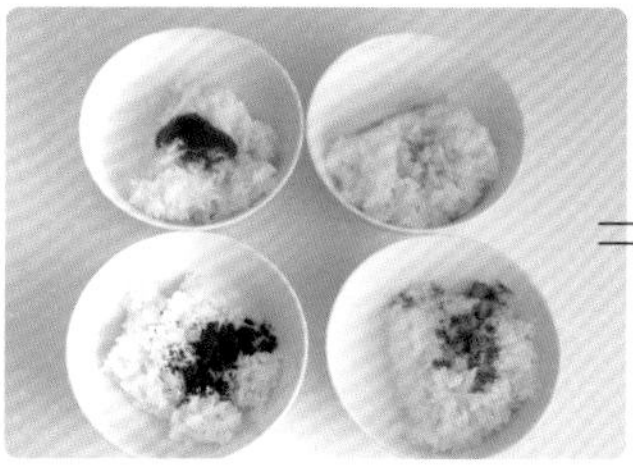
⇒

問號磚塊、金幣磚塊、星星磚塊

❷ 取適量的日式醬油飯及咖哩飯拌勻後，用保鮮膜把飯包起來並捏成正方體。接著用剪刀、模型在兩種顏色（白／黃）起司片上剪出和壓出圓形、星形、問號的形狀，貼在正方體的磚頭上。

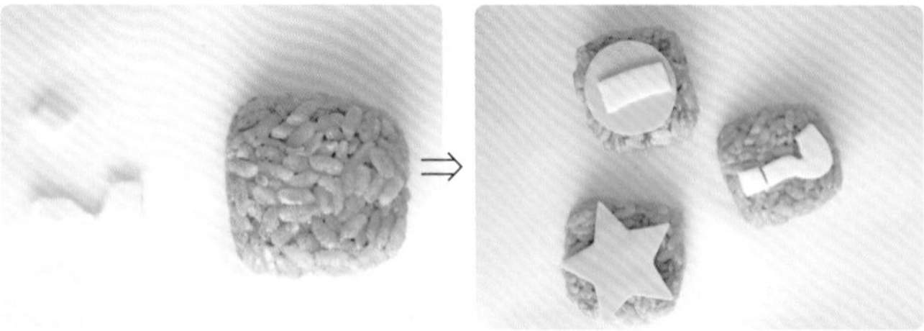

三角寶寶

❸ 取日式醬油飯，把飯放入三角飯糰模型中塑型，取出後再用保鮮膜包起來，把三角飯糰的稜角稍微捏圓一點當作「臉」。

❹ 用吸管在起司片上壓出兩個小橢圓形當做眼白，用海苔造型壓模壓出兩個小圓點當作眼珠，再把海苔片放在起司片上即完成眼睛。接著，用星型模具的一角壓出三角型，當作尖牙。最後，用剪刀把海苔剪出眉毛和嘴巴形狀，依五官貼上相對位置。

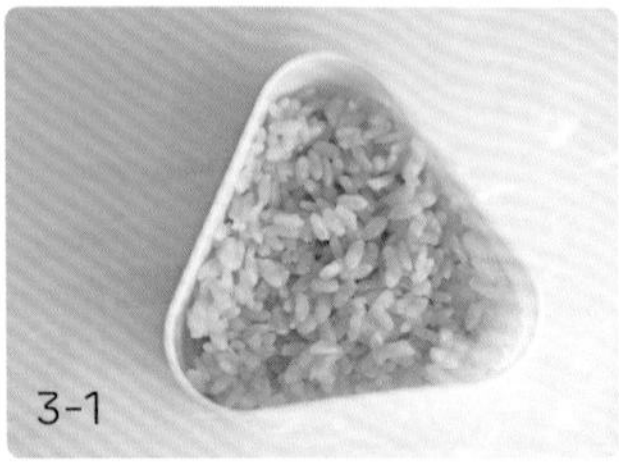
3-1

3-2

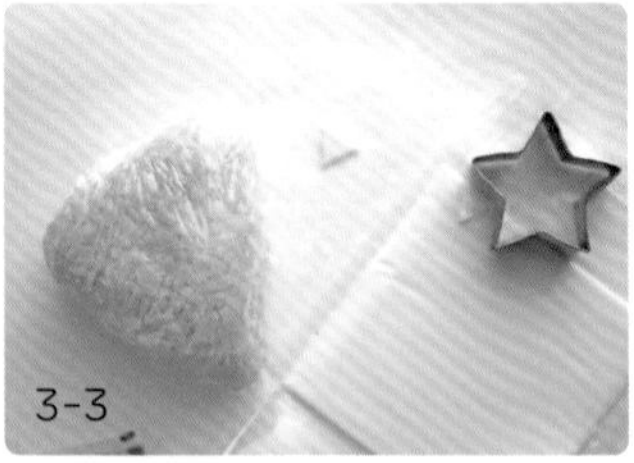
3-3

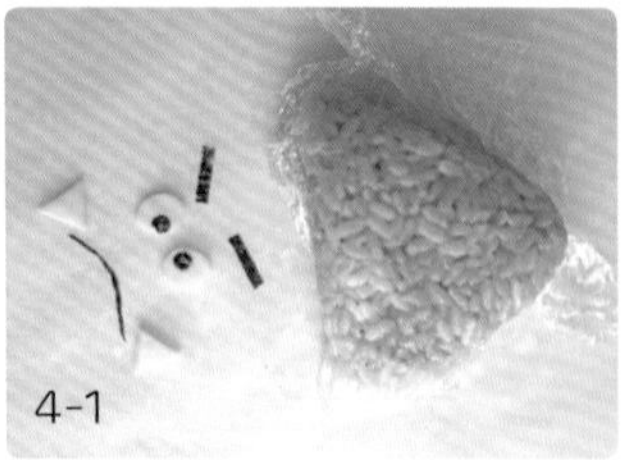
4-1

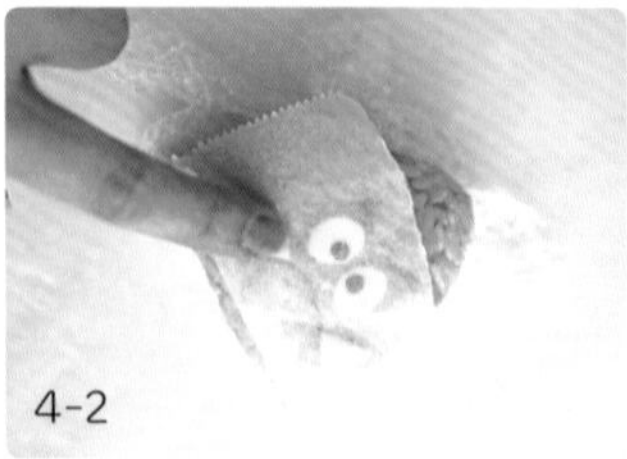
4-2

4-3

主角

5 取番茄醬飯，把飯放入鋪有保鮮膜的圓型模型後包起來，再捏成圓形當臉；再依相同方式捏出一個小圓形當鼻子、兩個小橢圓形當耳朵。

6 接著，用吸管在起司片中壓出兩個小橢圓形當眼睛；用海苔造型壓模壓出眼珠和眉毛，再用剪刀剪出鬍子的形狀，組合起來就是臉部五官。

7 取紅麴粉飯、日式醬油飯拌勻後，用保鮮膜包著飯捏出帽子和長條形狀的帽沿，接著用起司片壓出半圓形當帽子上的 logo，最後用番茄醬寫字。

5-1

5-2

6

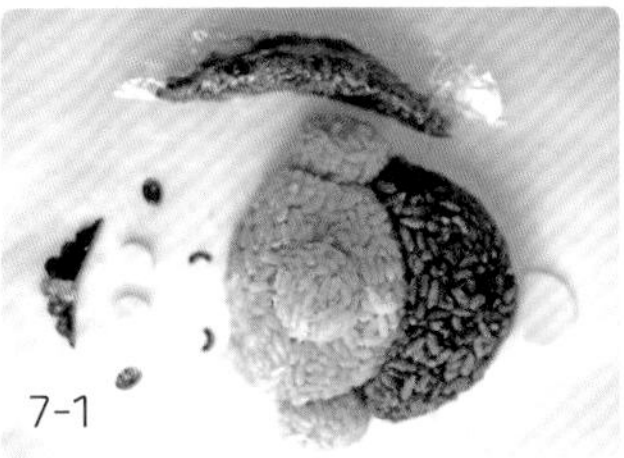
7-1

7-1

7-2

Tips

1 在使用乾粉類的天然色素粉拌飯時會比較乾，建議可以加點較不鹹的日式醬油，或者是飲用水，讓白飯和色粉可以更容易攪拌均勻。

2 在製作飯糰時，如果覺得手很容易黏飯粒，可以用手沾點飲用水再抓飯；或者，利用保鮮膜來捏飯糰，同樣也能達到較不沾黏的效果。

貓咪香鬆飯

講到造型便當，其實所需要的食材都大同小異，

只要利用海苔、起司片、蛋皮、紅蘿蔔、玉米粒、火腿片、蟹肉棒等食材，

就可以變化出不同的花樣。

基本上，就是看冰箱食材有什麼相似的顏色，通通都可以拿來用。

食材 *Ingredients*

- 白飯
- 起司片
- 紅蘿蔔
- 海苔
- 香鬆粉

＊以上食材適量

配菜

荷包蛋、生菜、
奇異果、起司

步驟 *Step*

臉

1 先將香鬆粉包進飯裡，利用保鮮膜把飯糰捏圓，接著把保鮮膜打開，在飯糰的頂端約 1 公分處，貼上用海苔片剪成一個大大的倒 U，最後再用保鮮膜把這片海苔完全貼附在臉的上部。

⇒

⇒

五官

2 眼睛：用粗吸管把起司片壓出圓形後，當作眼白；接著用海苔造型壓模壓出不同表情的海苔形狀，當作黑色眼珠。如果沒有機器，也可自已用小剪刀剪出想要的形狀。

3 鼻子：用粗吸管把紅蘿蔔（已切薄約厚度 0.1 公分）壓出圓形，當作鼻子。

4 嘴巴和鬍鬚：把海苔剪 6 個長方形和 1 條微笑的細條狀。

5 皇冠：把蒸熟的地瓜用保鮮膜捏出皇冠的形狀。

6 把造型主體做好後，就可以隨意搭配荷包蛋、奇異果、生菜、起司，輕鬆完成一個早餐便當囉！

猜猜我的帽子
是用什麼做的？

炒蛋偵探飯糰

哇～打開便當盒的霎那，孩子們都忍不住噗滋笑出來，

絕對開心地大口大口吃光光。

食材 *Ingredients*

- 白飯
- 番茄醬
- 美乃滋
- 海苔

*以上食材適量

配菜

玉米炒蛋、奇異果、起司、生菜

步驟 *Step*

臉型

❶ 用一點番茄醬拌入白飯後攪拌均勻，用保鮮膜把飯包起來，並捏成橢圓形。接著拿出橢圓形狀的鐵湯匙，在飯糰中間直直的下去壓出臉的縫隙。

⇒
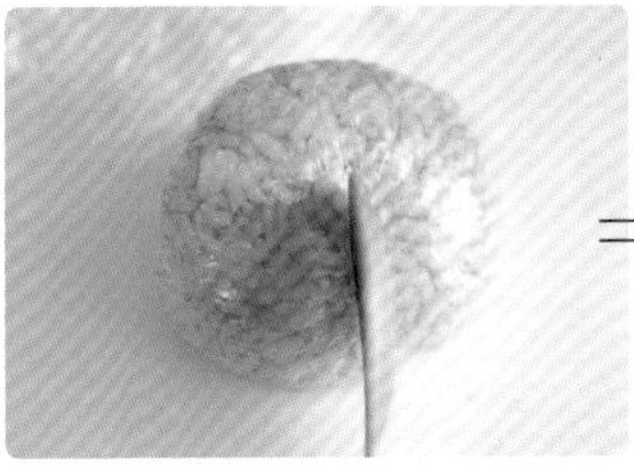
⇒

頭髮

❷ 用剪刀將海苔剪出兩個大波浪當作頭髮，把海苔直接包裹在飯糰上半部約 1/3 處，再用保鮮膜包裹起來塑型，讓海苔完全貼附在飯糰上。

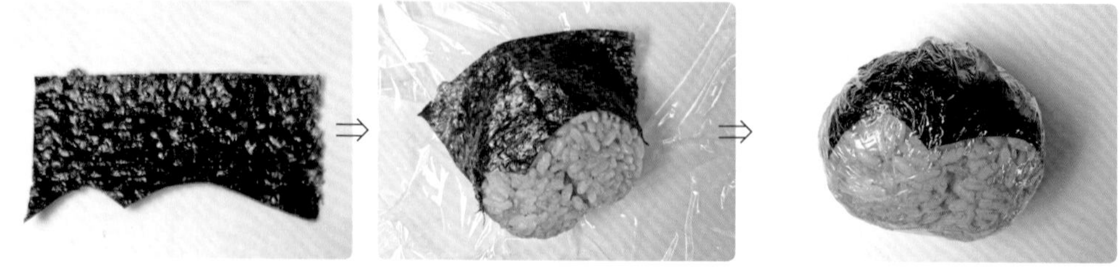

眼睛和眉毛

❸ 分別將海苔剪出兩個小的長方形和兩個小的橢圓形，長方形可以當作眉毛、橢圓形可以當作眼睛，最後用美乃滋，在橢圓形海苔片上點出兩個小白點當作眼白的部分。

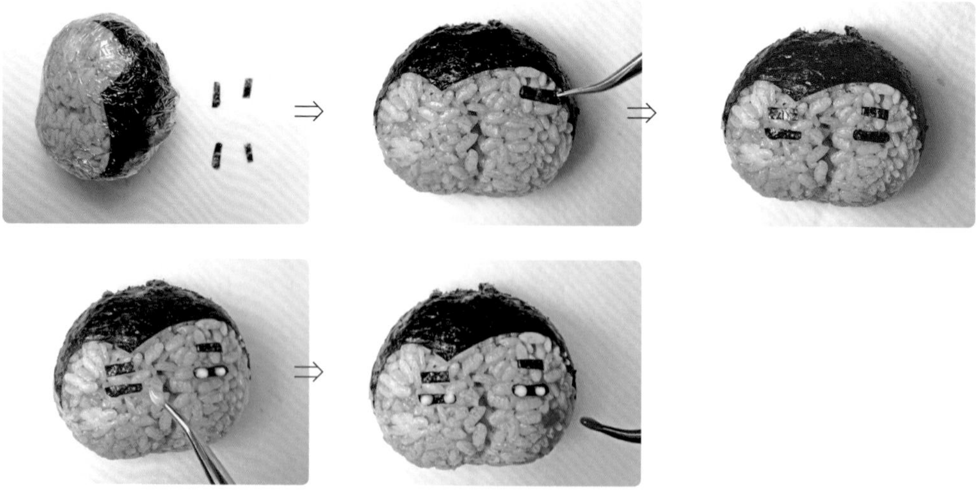

腮紅

④ 直接用番茄醬在臉頰上點出兩點當腮紅。

帽子

⑤ 將蒸熟的地瓜去皮後切成小塊，接著用水果刀在地瓜表面畫上井字格，當成是帽子。

4

5

⑥ 把飯糰主體做好後，就可以搭配玉米炒蛋、奇異果，完成這個人見人愛的早餐便當囉！

Tips

1 玉米炒蛋作法請見 P20。

2 如果手邊食材沒有地瓜的話，帽子也能用玉子燒取代。在玉子燒的表面用水果刀畫出井字，帽頂再用另一小塊的玉子燒即可。

不知不覺讓挑食的
小孩吃下紅蘿蔔

番茄蛋炒飯

甜甜鹹鹹的番茄蛋炒飯是我小時候的最愛，
在平凡的炒飯上，花點小巧思的妝點一下，
讓人忍不住要大快朵頤！

食材 *Ingredients*

- 白飯 500g
- 雞蛋 60g
- 紅蘿蔔末 16g
- 蒜末 4g
- 米酒 3ml
- 橄欖油 2.5ml
- 番茄醬 20ml
- 鹽巴 1g

配菜

煮熟毛豆、起司片、
紅蘿蔔、海苔

步驟 *Step*

事前準備

1. 先在平底鍋中倒入適量的橄欖油，倒入蒜末和紅蘿蔔末，並炒至蒜香飄出。
2. 接著倒入白飯，以及些許米酒，拌炒至米飯粒粒分明。
3. 倒入攪拌均勻的蛋液，拌炒至雞蛋凝固後，加入番茄醬、些許鹽巴進行調味。

1

3-1

3-2

小熊的臉型

❹ 圓臉：用小量杯蓋子在起司片上壓出一個圓形。

耳朵：用吸管在起司片上壓出兩個小圓形。

表情：用海苔造型壓模把海苔片壓出兩個小圓形當作眼睛，一個倒三角形和一個小 U 形當作鼻子，最後再用剪刀剪出眉毛的形狀。

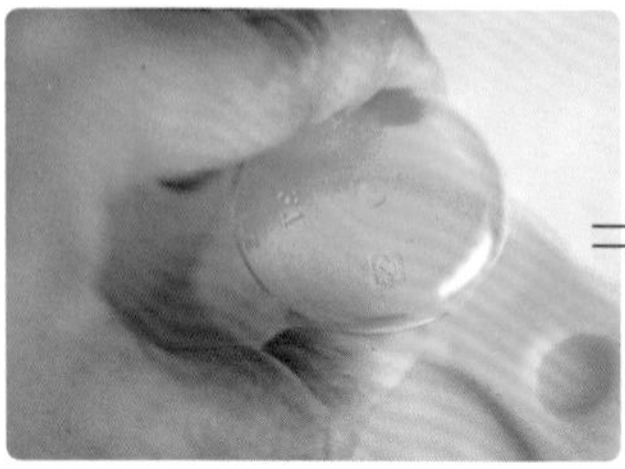
⇒
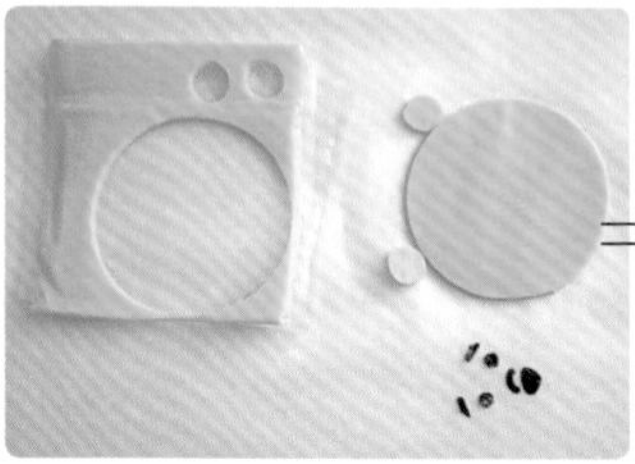
⇒

小蜜蜂

❺ 身體：用量杯蓋子在起司片上壓出一個橢圓形，當作蜜蜂的身體。

表情：用海苔造型壓模把海苔片壓出兩個小圓形當作眼睛，三個小 U 當作兩個觸角和一個嘴巴。最後，壓出兩個大大的 U 變成身體的條紋。最後，再用杏仁片擺在小蜜蜂的身體上當一對翅膀。

⇒

花朵

6 花朵：用造型壓模在切成約 0.1 公分厚度的紅蘿蔔上，壓出花朵的形狀。

樹葉：把煮熟的毛豆去殼後，將毛豆從中間撥成兩半，當成葉子。

7 將炒飯放入便當盒，加上小熊和小蜜蜂，接著擺放紅蘿蔔花朵，以及毛豆樹葉，豐富的早餐立刻上桌。

⇒

⇒

Tips

由於市售的番茄醬酸甜風味略有不同，可以依照個人口味添加砂糖、鹽巴，做味道上的些微調整。

小熊鹽奶油捲

溫泉蛋
P21
小熊＋愛心造型
增加小孩的食戰力

鹽奶油捲吃起來帶有鹹香的奶油香，

是款很耐吃的早餐麵包，但再好吃的麵包天天吃也是會膩，

所以利用杏仁片、起司和竹炭粉做點變化，

讓鹽奶油捲有不一樣的火花迸出。

食材 *Ingredients*

- 鹽奶油餐捲
- 杏仁片
- 起司片
- 巧克力筆

＊以上食材適量

配菜

焗烤櫛瓜、愛心香腸

步驟 *Step*

1 麵包作法請參考 P32 鹽奶油餐捲。

小熊的五官

2 眼睛：用巧克力筆繪製小熊的眼睛。

3 鼻子：用吸管在起司片上壓出一個小圓形，當作小熊的鼻子，接著用海苔造型壓模壓出一個圓點和倒「V」，當作鼻孔。

4 耳朵：把橢圓形狀的杏仁片直接插在鹽奶油捲的兩側當成耳朵。

愛心火腿

5 將火腿放入滾水中煮熟，撈起放涼。接著在火腿的中間切一斜刀，把其中一段再切一半，切開後的兩個火腿正反擺在一起，就可以連接成一個愛心形狀的火腿。

Tips

焗烤櫛瓜：把清洗乾淨的櫛瓜切成薄片（約 0.3 公分），表面淋上橄欖油和黑胡椒，送入氣炸鍋以 200 度烤 4 分鐘。接著，鋪上適量的乳酪絲，以 220 度烤 2 分鐘至乳酪絲呈現金黃色澤。

銀絲卷夾肉鬆起司蛋

銀絲卷夾肉鬆起司蛋是道經典的中式早餐，

利用起司、海苔和食物叉子，稍微地打扮一下，

立刻變身為吸睛指數破表的小熊饅頭，小孩保證樂開懷！

食材 *Ingredients*

- 銀絲卷 1 個
- 雞蛋 1 顆
- 起司 1 片
- 肉鬆 5g

配菜

水煮蛋、蘋果、奇異果、
愛心香腸、堅果

步驟 *Step*

1 把銀絲卷放入電鍋，以外鍋 1 量米杯水蒸熟後切成一半，接著從中間切開約至 2/3 深處，不要切到底，再把肉鬆塞進銀絲卷內。

小熊的五官

2 眼睛：把海苔片放入海苔造型壓模，壓出一個小 U 字型跟圓形當作眼睛。

3 鼻子：取一起司片，用粗吸管在上面壓出一個圓形，當作小熊的鼻子。

4 鼻孔：把海苔片放入海苔造型壓模，壓出小圓形和倒 V 當作鼻孔。

5 耳朵：把食物叉叉在銀絲卷的上半部，當作小熊的耳朵。

6 肉鬆起司蛋搭配水煮蛋、蘋果、奇異果、愛心香腸、堅果，營養滿分！

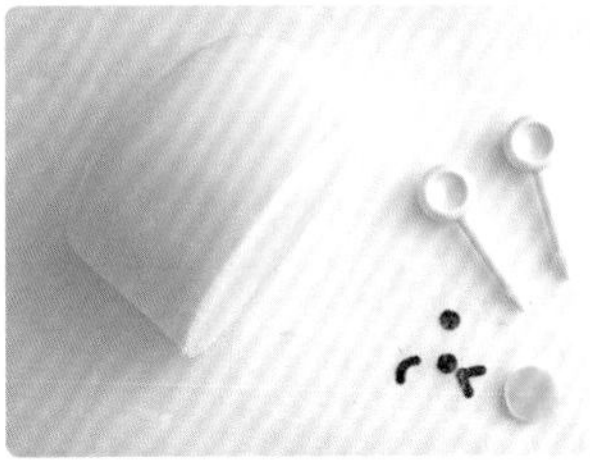 ⇒  ⇒ 

Tips

1 因為肉鬆和起司都有一定的鹹度，所以在製作時，想吃清淡點，可以不需要再加鹽巴調味

2 水煮蛋作法請參考 P19。利用海苔造型壓模將海苔壓出不同表情，並貼在蛋黃上裝飾。

毛毛蟲麵包

打開便當盒，
小心有毛毛蟲！

吃膩了鹽奶油捲，那就來做個變化款吧！

利用兩顆小芝麻和一些青花菜，讓毛毛蟲躲在菜叢中，

偶爾來個驚嚇風的便當，也是不錯的！

食材 *Ingredients*

- 鹽奶油捲 1 個
- 黑芝麻 2 顆
- 有鹽奶油適量

配菜

水煮蛋、水煮青江菜、芒果、奇異果、松子

步驟 *Step*

1 麵包作法請參考 P32 鹽奶油捲。

毛毛蟲造型

2 在進入最後一次發酵前的麵糰整形時，先把麵糰排氣擀平成扁扁的橢圓形，在橢圓形的下半部，用切麵刮板切出一條條寬度約一手指間距的長條。

3 把一小塊有鹽奶油擺在麵糰最寬的地方並抹平，接著把左右兩側的長條交叉平放在麵糰上。

4 從塗有奶油這面，往沒有奶油的地方邊捲邊收，收口朝下，把形狀都塑好，就可以送進烤箱轉發酵模式 37 度發酵 50 分鐘。發酵完成後，以上火 220 度、下火 200 度烤 15 分鐘。

5 等毛毛蟲麵包烤好放涼後，可在麵包的一端用尖子塞入黑芝麻粒，當作眼睛。

3

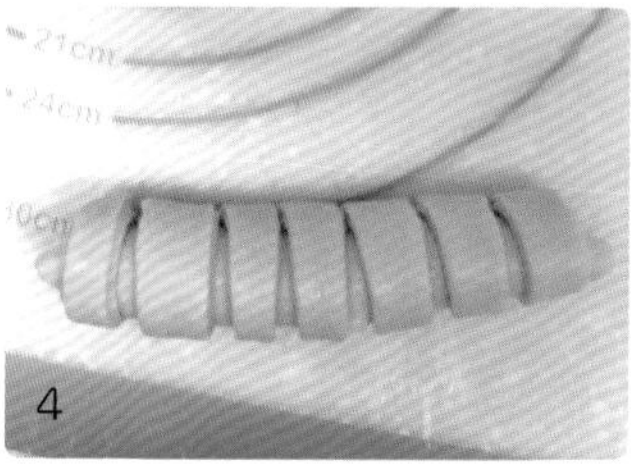
4

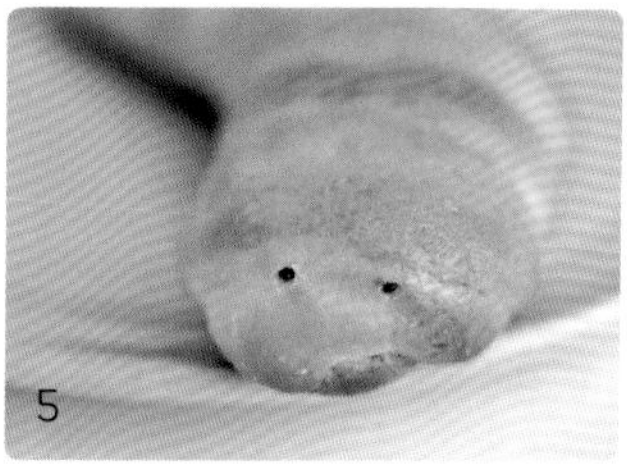
5

Tips

芝麻粒在裝進麵包時，有時候會很容易掉出來，建議可以在麵包裡多重複塞幾顆芝麻粒，這樣子的眼睛看起來凸凸的，視覺上會更加立體。

今天就用
小烏龜加油吧！

烏龜菠蘿麵包

菠蘿麵包是每家台式麵包店的經典，也是小時候的記憶。
麵包吃起來外酥內軟，有的像是餅乾的口感，一吃就會愛上！
再搭配可愛的烏龜造型，是不是超吸睛！

食材 *Ingredients*

- 菠蘿皮
  - 高筋麵粉 140g
  - 糖粉 90g
  - 無鹽奶油 80g
  - 雞蛋 1 顆
- 奶油餐包 3 個
- 竹碳粉適量

步驟 *Step*

❶ 麵包作法請參考 P30 奶油餐包。

菠蘿皮

❷ 先把無鹽奶油、糖粉混合，並打發至奶油呈現白色雪花狀，接著放入雞蛋攪匀。

 ⇒ 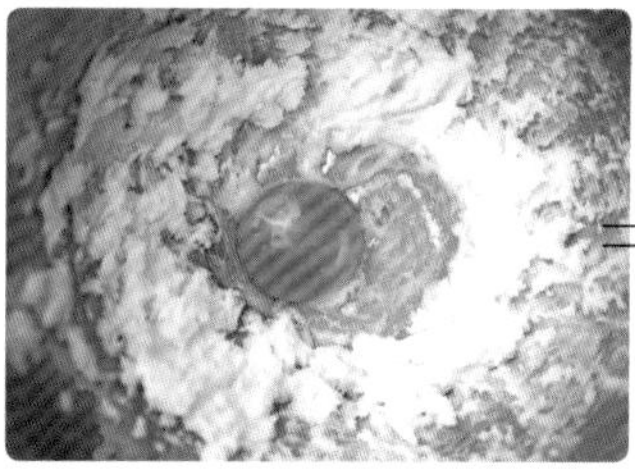 ⇒ 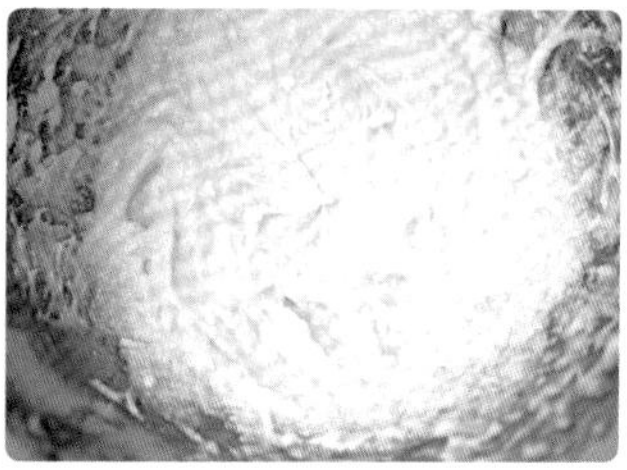

③ 倒入高筋麵粉攪拌均勻後，用保鮮膜將菠蘿皮包好並擀平，再放入冰箱冷藏讓菠蘿皮變硬，方便接下來在製作菠蘿麵包時可以更容易上手。

麵糰整形

④ 在進入最後一次發酵前的麵糰整形時，先捏出並滾圓一個大的球狀麵糰當烏龜身體（30g），一個小球狀麵糰當烏龜頭（5g），以及四個小圓麵糰（3g）當手腳。

⑤ 把冷藏後的菠蘿皮擀得薄薄一層，剛剛好覆蓋到烏龜身體的麵糰上。接著，在烏龜殼上畫格紋，就可以送進烤箱轉發酵模式 37 度發酵 50 分鐘。

⑥ 等菠蘿麵包發酵完成後，在麵糰上塗抹蛋液（分量外）的動作一定要輕輕的，不然很容易壓壞麵糰。接著，送入烤箱以上火 200 度、下火 200 度烤 15 分鐘。

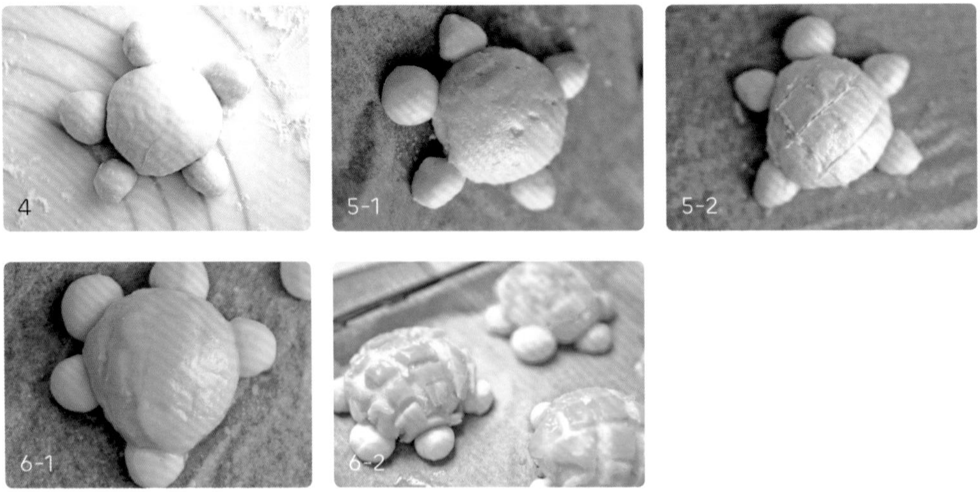

裝飾

7 等烏龜菠蘿麵包烤好放涼後，用黑碳粉加一點水當成黑色顏料，再用水彩筆繪製烏龜的眼睛。

⇒

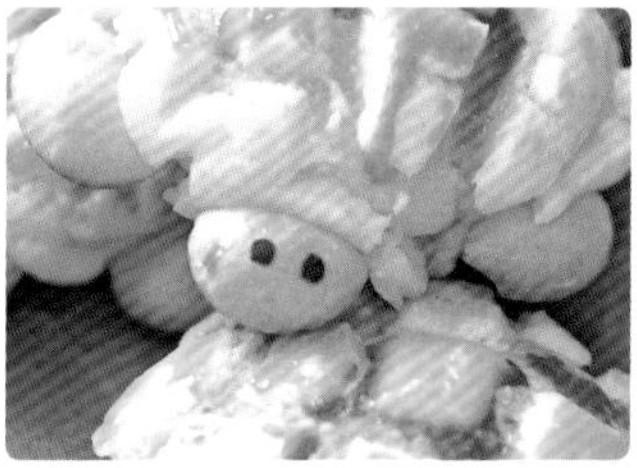

Tips

1 如果家裡沒有專門的發酵布，可以在要發酵的麵糰上噴適量的水，並放入鋼盆，接著用保鮮膜封住盆口。

2 如果家裡烤箱沒有發酵模式，可以用市售的發酵箱，在麵糰上蓋上濕布，並在旁邊放一杯熱水，再闔上發酵箱的蓋子保持濕度。如果不想買發酵箱，也可用烤箱代替，用一樣的方式自製發酵模式。

3 新手在剛開始操作時，菠蘿皮容易一不小心就會破掉，所以建議使用保鮮膜來輔助包覆麵糰的動作。這樣的作法，不僅可讓菠蘿皮更好包覆在麵糰上，也能避免菠蘿皮因為溫度變軟而不容易擀平。

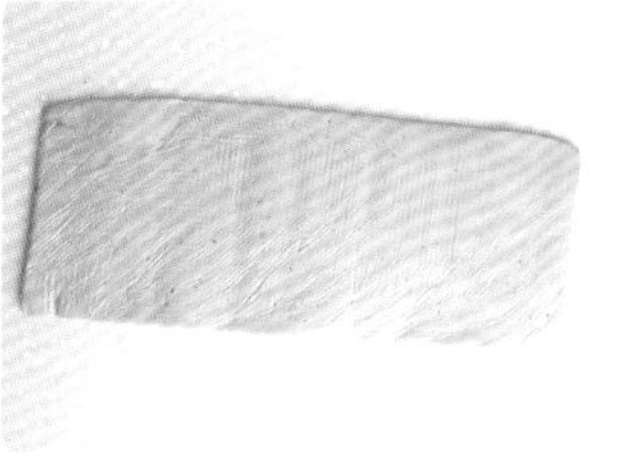

小獅子肉鬆麵包

獅子鬃毛
是肉鬆口味，
可愛造型超吸睛！
Petromax

肉鬆麵包是款經典美味又老少咸宜的台式麵包，
只要學會基礎的奶油餐包，再花點巧思，
就可以變身為超可愛的小獅子鬆鬆包。

食材 *Ingredients*

- 奶油餐包 2 個
- 肉鬆（依個人喜好添加）
- 美乃滋（可以黏住肉鬆的分量）
- 巧克力筆或竹碳粉適量

配菜

荷包蛋、芒果、
奇異果

步驟 *Step*

❶ 麵包作法請參考 P30 奶油餐包。

獅子的臉

❷ 在進入最後一次發酵前的麵糰整形，因為獅子臉的球狀麵糰會在第三次（最後）麵糰發酵時，還會再膨脹一點點，所以在圍住獅子臉的外圈麵糰，要留一點空隙膨脹，把形狀塑好就可以進烤箱轉發酵模式 37 度發酵 50 分鐘。發酵完成後，以上火 220 度、下火 200 度烤 15 分鐘。

❸ 等獅子原型的餐包烤好時，一定要等到整個餐包都冷卻了，才可以進行最後的五官裝飾。

❹ 在畫獅子的五官時，可以直接買烘焙行販售的巧克力筆，只要在使用前把巧克力筆泡在熱水融化即可使用；或者，也可以用黑碳粉加一點水當成黑色顏料，再用水彩筆繪製獅子的五官。

❺ 最後，在獅子臉的外圍塗滿美乃滋，再灑上肉鬆，就完成可愛的小獅子鬆鬆包。

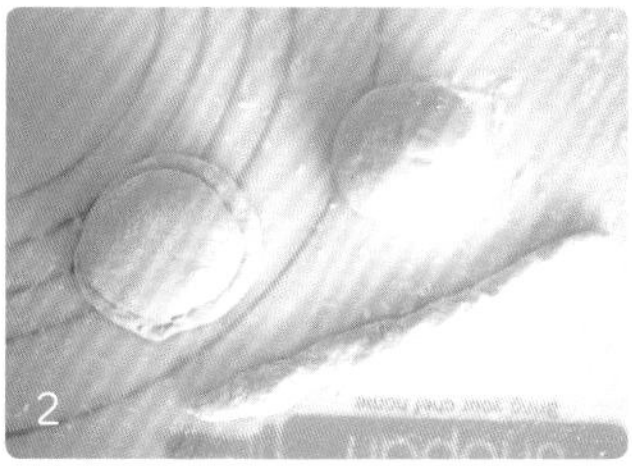
2

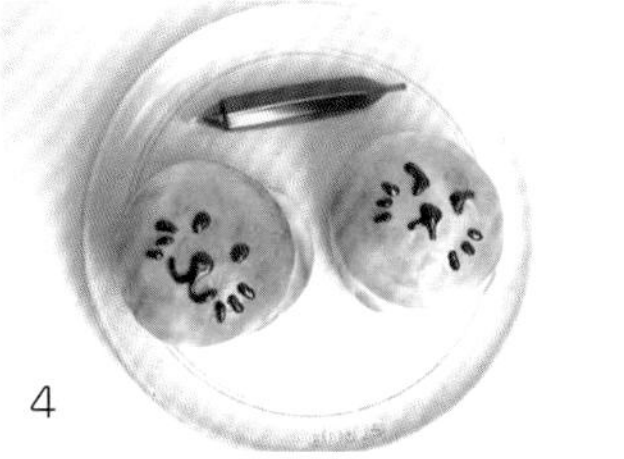
4

5

Tips

因為肉鬆接觸空氣後容易受潮，建議在當天吃之前再裝飾五官。

GOGOGO，
每天活力滿分！

GOGOGO 餐包

遇到不愛吃早餐的孩子，這時候就該使出殺手鐧！
奶油餐包只要加入一點南瓜粉、紅麴粉、竹炭粉進行調色，
並揉均勻，超萌模樣絕對秒殺！

食材 *Ingredients*

- 奶油餐包
- 天然南瓜粉
- 紅麴粉
- 竹炭粉

＊以上食材適量

步驟 *Step*

1. 麵包作法請參考 P30 奶油餐包。
2. 發酵好的麵糰，會是原來麵糰的 2 倍大。等發酵完成後從盆中移出，用手拍壓出大氣泡，把麵糰分成 3 個大麵糰跟 1 個小麵糰。1 個大麵糰不需要染色，2 個大麵糰各自加入天然南瓜粉（4g）、紅麴粉（4g）；剩下的小麵糰則加入竹炭粉（1g）。將有顏色的麵糰都充分揉勻，再次排氣滾圓表面噴水後，蓋上保鮮膜，做二次麵糰放鬆約 10 分鐘。

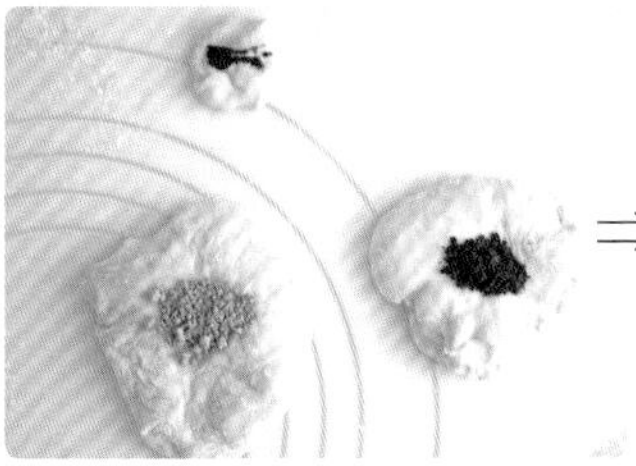

⇒

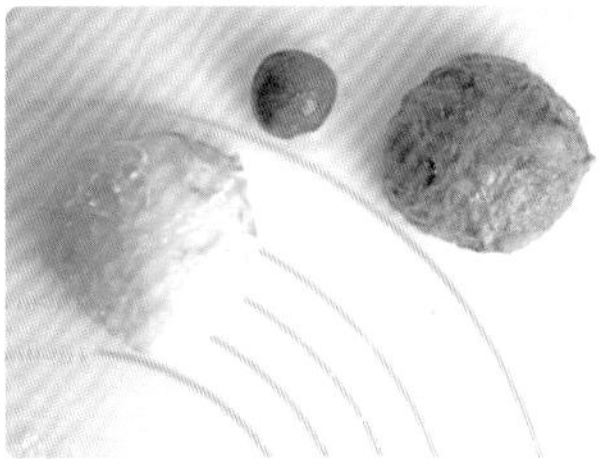

GOGOGO 餐包

③ 把二次放鬆的南瓜麵糰，先捏出一個略帶有橢圓形的麵糰（30g）當人偶的臉，接著再取兩個小球狀麵糰（2g）搓成水滴狀當作耳朵。

GOGOGO 球

④ 把二次放鬆的紅麴粉麵糰，先捏出一個略帶有半圓形的麵糰，當球的上半部（20g）；再用原色的麵糰一樣捏出略帶有半圓形的麵糰，當球的下半部（15g）；接著，把球的上半部和下半部兩個接起來，另用滾圓的方式使兩團麵糰結合。

⑤ 接著，取竹炭粉麵糰 3g 滾成寬度約 0.2 公分的長條體，用指腹壓扁後，整圈圍住造型球體的接合處。

⑥ 最後，再用竹炭麵糰 1g 和原色麵糰一小塊，做出兩個一大一小的圓形並重疊，當作造型球的開關按鈕。

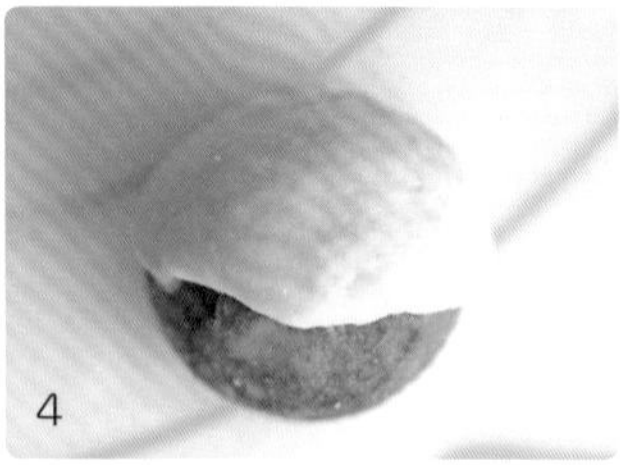
4

5

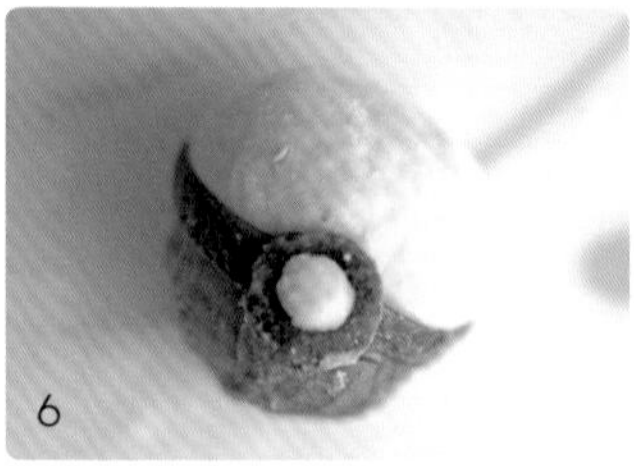
6

裝飾

7 把 GOGOGO 餐包和球都形塑好，就可以進烤箱轉發酵模式 37 度發酵 50 分鐘。發酵完成後，以上火 210 度、下火 190 度烤 15 分鐘。

8 等 GOGOGO 餐包烤好放涼後，在黑碳粉、紅麴粉中分別加入一些飲用水攪拌均勻，當成黑色和紅色顏料，再用水彩筆繪製五官。

7

8-1

8-2

Tips

1 這道食譜使用的是粉狀的天然色素，是烘焙常用的一款調色產品。雖然顏色沒有像液體色素來得鮮豔，但在室溫下容易密封保存不變質。

2 麵糰如果在加入天然色素粉搓揉時太乾，可以在麵糰上噴點水再揉。

紅豆麵包

想到甜甜的麵包，當然不能錯過這款經典的紅豆麵包！
甜甜綿綿的紅豆包裹在麵包裡面，
一口咬下只有滿滿的幸福感，好吃的不得了！

食材 *Ingredients*

- 奶油餐包
- 巧克力筆
- 紅豆泥
  - 紅豆 1 量米杯
  - 水 3 量米杯
  - 細砂糖 35g（依個人喜好調整）

步驟 *Step*

1. 麵包作法請參考 P30 奶油餐包。
2. 紅豆泥作法請參考 P40。

紅豆麵包

3. 在進入最後一次發酵前的麵糰整形，先捏出並滾圓一個大的球狀麵糰（30g），用手掌壓扁後把紅豆餡料包進去，滾圓收口朝下當作臉；再捏出三個小球狀麵糰滾圓當鼻子（5g）和臉頰（3g）；在臉部的麵糰噴點水後，再把鼻子和臉頰的三個小球麵糰放上去並形塑好，就可以進烤箱轉發酵模式 37 度發酵 50 分鐘。發酵完成後，以上火 210 度、下火 190 度烤 15 分鐘。

⇒
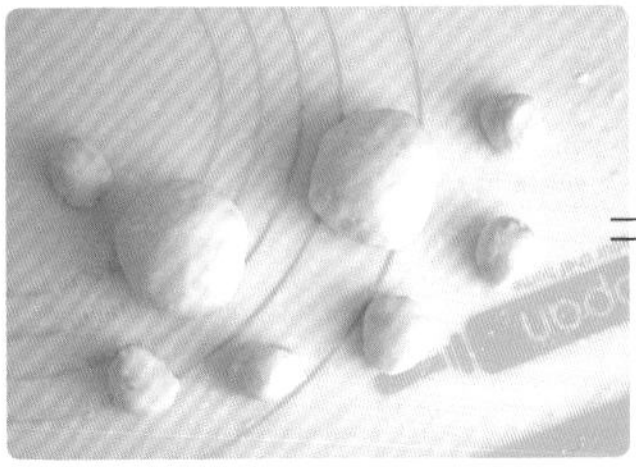
⇒
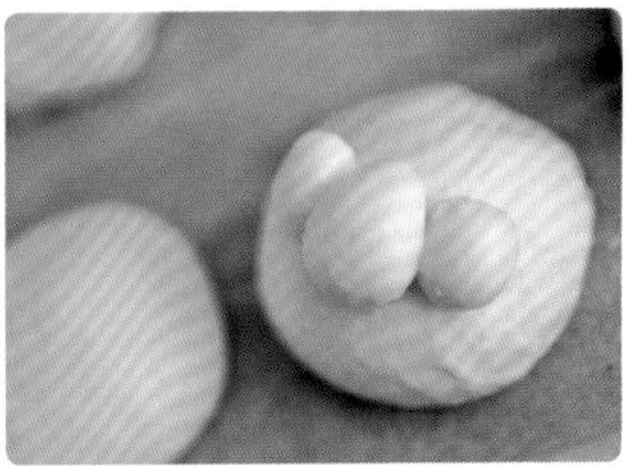

4. 等紅豆麵包烤好放涼後，可以直接買烘焙行販售的巧克力筆，只要在使用前把巧克力筆泡在熱水融化，再用筆繪製五官。

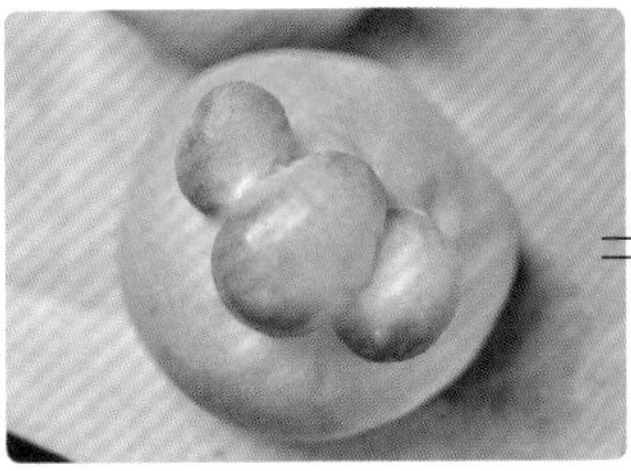
⇒

小熊起司餐包

偷懶版本的小熊起司餐包，只要把起司片壓出圓形，
再加上海苔和食物叉裝飾，
一款簡單的造型小熊餐包立刻完成，是不是超省時又快速。

食材 Ingredients

- 奶油餐包 1 個
- 起司片適量
- 海苔適量

配菜

水煮蛋、毛豆、紅蘿蔔

步驟 Step

1. 麵包作法請參考 P30 奶油餐包。
2. 製作早餐時，只要把奶油餐包從冷凍庫拿出噴水回烤 3 ～ 5 分鐘。接著，等稍微放涼後，就可以開始製作小熊麵包的五官。

小熊的五官

3. 嘴巴和鼻子：用海苔造型壓模壓出兩個微笑 U 的形狀，把兩條微笑 U 連在一起，最後在中間連接位置上，再擺一條長條狀的細海苔，和一個大的圓形海苔片，貼在起司片上（用量杯蓋子壓出圓形）的上方當作鼻子。
4. 眼睛：將巧克力筆隔水加熱融化後，用筆點出兩顆眼睛。
5. 耳朵：直接把造型叉子當作小熊的耳朵，插在奶油餐包的上方兩端。
6. 把小熊的五官都拼接完成，搭配上毛豆、雞蛋和紅蘿蔔，讓餐點看起來更豐富。

3-1

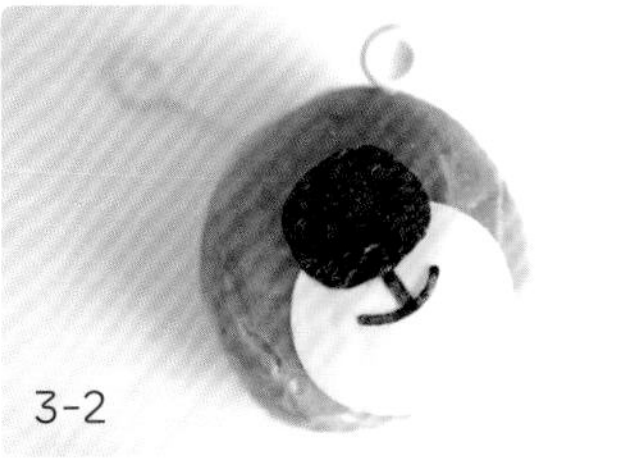
3-2

5

Tips

破雞蛋作法請參考 P19。

Trick or Treat !
不給糖就搗蛋！

萬聖節主題餐

Trick or Treat，萬聖節到了，
當然不免俗地也要來嚇嚇孩子，
早餐就來個又可愛又可怕的吸血鬼早餐盤！

食材 *Ingredients*

- 吐司
- 蘋果
- 奇異果
- 棉花糖
- 麵條
- 火腿
- 雞蛋
- 花生果醬
- 番茄醬
- 海苔
- 巧克力筆

＊以上食材適量

步驟 *Step*

骷顱頭 & 小鬼麵包

❶ 用模型將吐司壓出造型並噴水，放進氣炸烤箱以 180 度烤 2 分鐘。待吐司放涼，接著用巧克力筆繪製五官。

 ⇒  ⇒ 

木乃伊火腿

❷ 取一鍋水並燒滾，放入火腿和麵條煮熟後撈起來。

❸ 接著把麵條一條一條圈在火腿身上，最後用巧克力筆畫出兩個圓點當眼白，再用海苔造型壓模把海苔片壓出兩個小圓點當眼球。

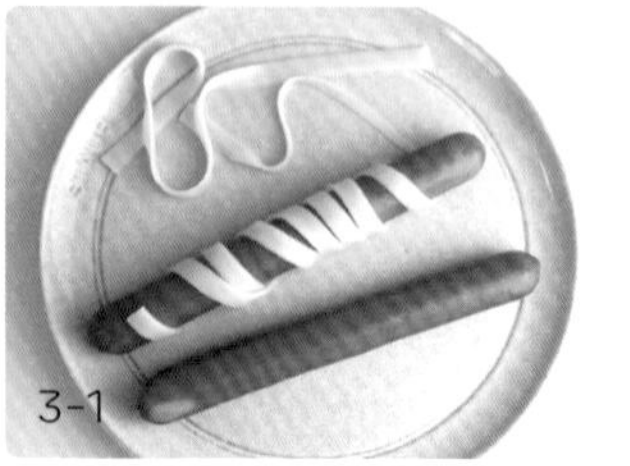

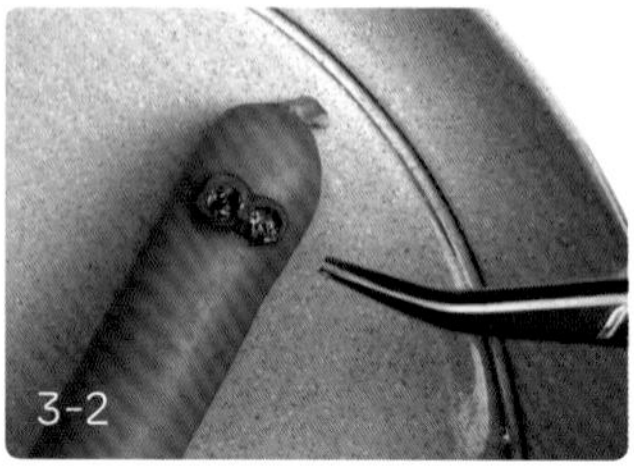

吸血鬼牙齒

❹ 把蘋果不削皮直接切片後，在蘋果片的一側塗上一層薄薄的花生醬，再依序排列一小顆棉花糖當作牙齒，接著把兩片帶有花生醬的蘋果片合起來。

⇒
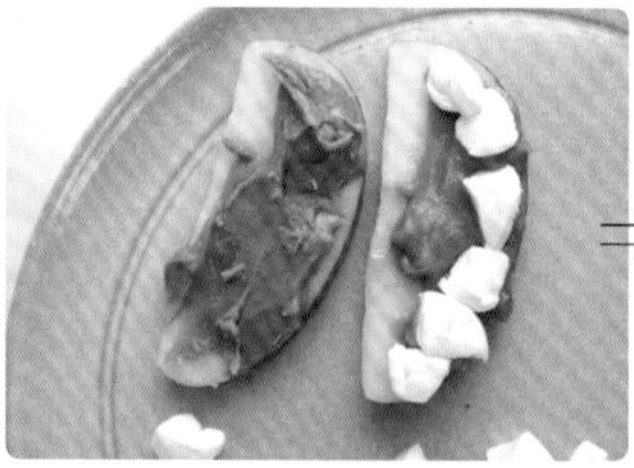
⇒

萬聖節水果串

5 把奇異果、棉花糖、蘋果切成一樣大小的方塊形狀，再用巧克力筆和海苔裝飾表情。

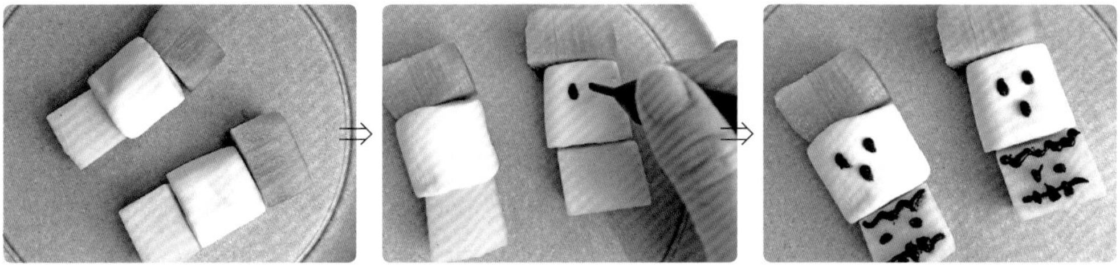

殭屍的眼珠

6 用電鍋煮好水煮蛋後，對切一半，在餐盤擠上番茄醬，最後把半顆水煮蛋放上去，再貼上圓形的海苔片當作眼珠。

7 將製作完成的餐點隨意擺盤，可愛的萬聖節主題餐就完成。

Tips

製作水果串的水果，可以依照個人喜好調整。

兔子麵包

麵包店裡的經典火腿麵包
也可以變得很俏皮！

小小兔子的耳朵是用熱狗裝飾出來的，
再搭配上蘋果和水煮蛋，
讓整個便當吃起來更帶有童趣感。

食材 Ingredients

- 奶油餐包
- 起司片
- 海苔
- 巧克力筆

*以上食材適量

配菜

水煮蛋、蘋果、毛豆、櫛瓜

步驟 Step

1 麵包作法請參考 P30 奶油餐包。

兔子的五官

2 眼睛：把巧克力筆泡在熱水融化，再用筆繪製兔子的眼睛。

3 鼻子：用量杯蓋子在起司片上壓出圓形當作鼻子，接著再用海苔造型壓模壓出一個倒三角形和兩個小微笑 U 型拼出鼻孔。

4 耳朵：把用水煮熟的火腿切半後，分別插在奶油餐包上方的兩端。

5 最後把兔子的五官都拼接完成，搭配蘋果和水煮蛋，小兔子便當就完成囉！

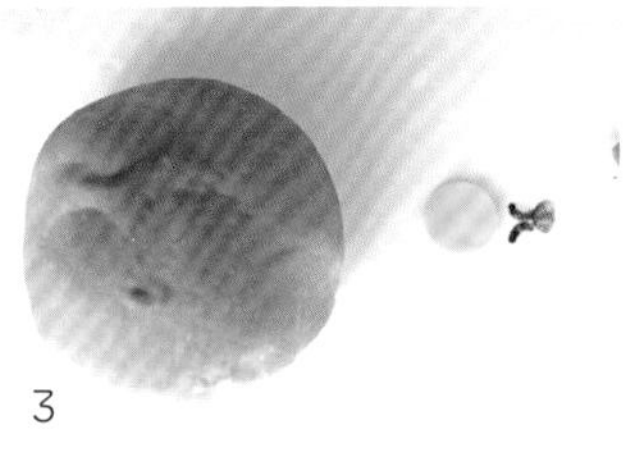
3

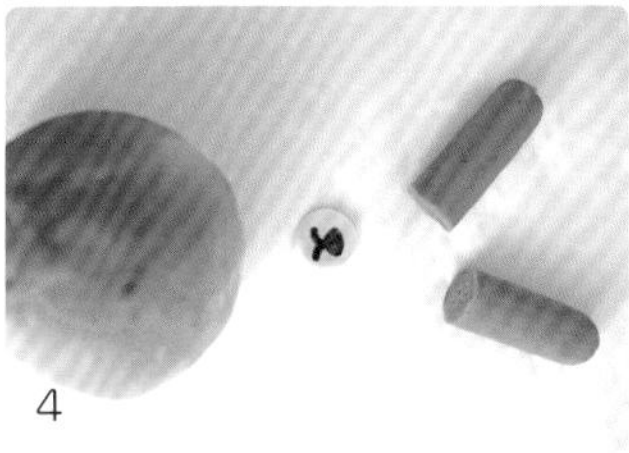
4

5

水煮蛋兔子

1 先把水煮蛋對半切，用海苔造型壓模壓出表情，在蛋上拼出五官。

2 用小塊火腿當作兔子耳朵，並貼上海苔片裝飾。

Tips

如果火腿不好插進奶油餐包，可以先用刀子在餐包上挖出一個小洞，再放入火腿。

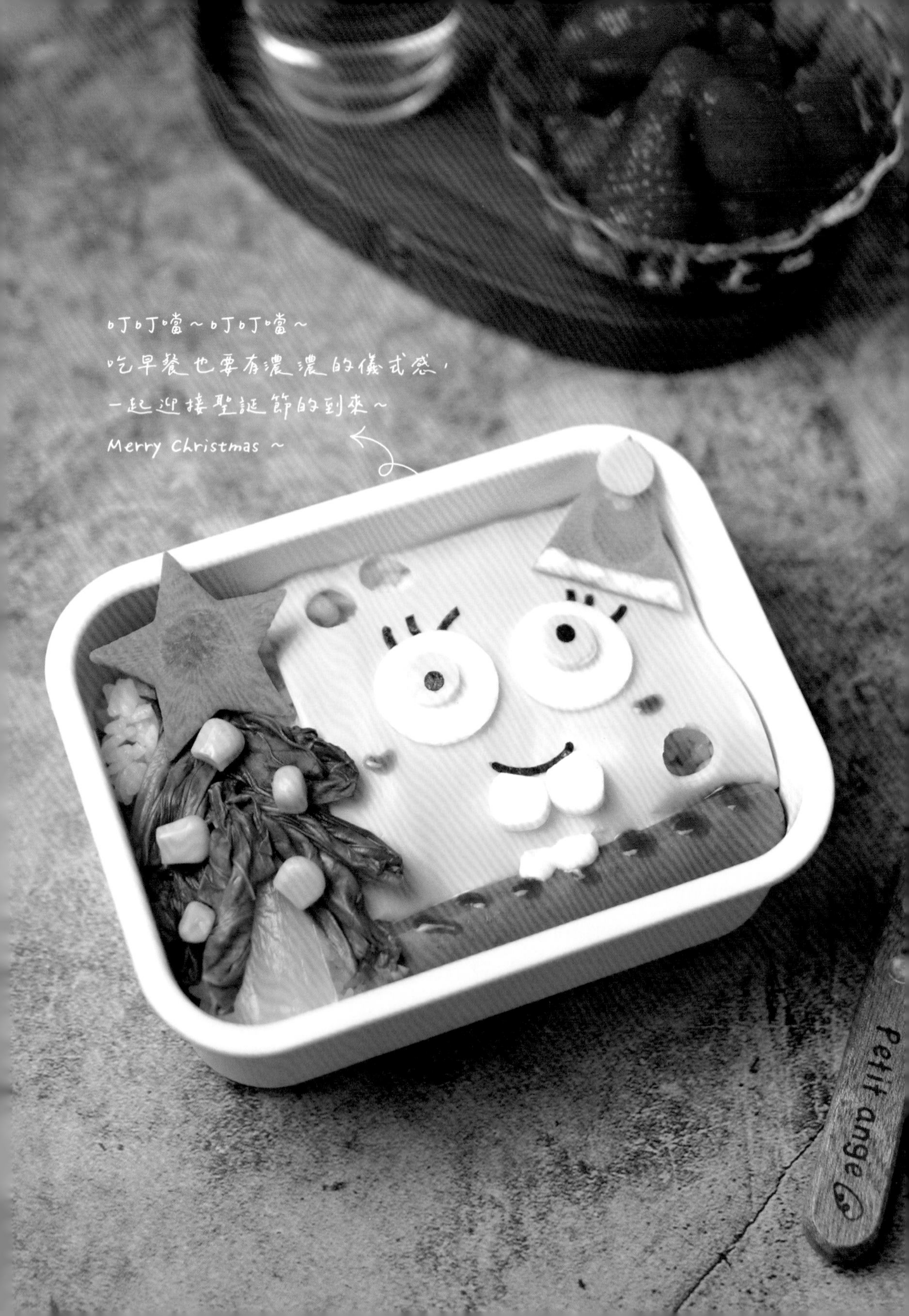
叮叮噹～叮叮噹～
吃早餐也要有濃濃的儀式感，
一起迎接聖誕節的到來～
Merry Christmas ～
petit ange

黃色寶寶聖誕節主題餐

小孩最喜歡聖誕節了，
努力把便當裡的飯菜吃光光，當個吃飽飽的好寶寶，
期待著聖誕老公公趕快來送禮物。

食材 Ingredients

- 紅蘿蔔
- 火腿
- 白飯
- 小松菜
- 玉米
- 毛豆
- 起司片
- 海苔片
- 番茄醬
- 鹽巴
- 美乃滋

＊以上食材適量

步驟 Step

1. 先將白飯與煮熟的玉米、毛豆，以及些許鹽巴一起混合攪拌均勻，並鋪平在便當盒裡。

⇒

五官

❷ 臉:用小吸管在起司片上隨意的挖幾個洞，當作臉，並直接覆蓋在部分白飯上面。

❸ 聖誕帽：用厚度約 0.1 公分的紅蘿蔔片剪出三角形當聖誕帽；用細吸管在起司片上壓出圓形當帽頂。

❹ 眼睛：用粗吸管在起司片上壓出兩個小圓形當作眼白；再用細吸管在起司片上壓出兩個更小的圓形當作眼珠；最後，用海苔造型壓模壓出兩個更小圓形海苔裝飾眼睛。

❺ 眉毛和嘴巴：用海苔造型壓模壓出 6 個小 U 型當作兩邊的眉毛，再用剪刀剪出一個大 U 微笑的嘴巴形狀，並加上兩個小的圓形起司當牙齒。

❻ 身體：把火腿鋪在白飯上，當作身體。

❼ 在火腿上用美乃滋繪製出領帶，並以番茄醬點綴裝飾。

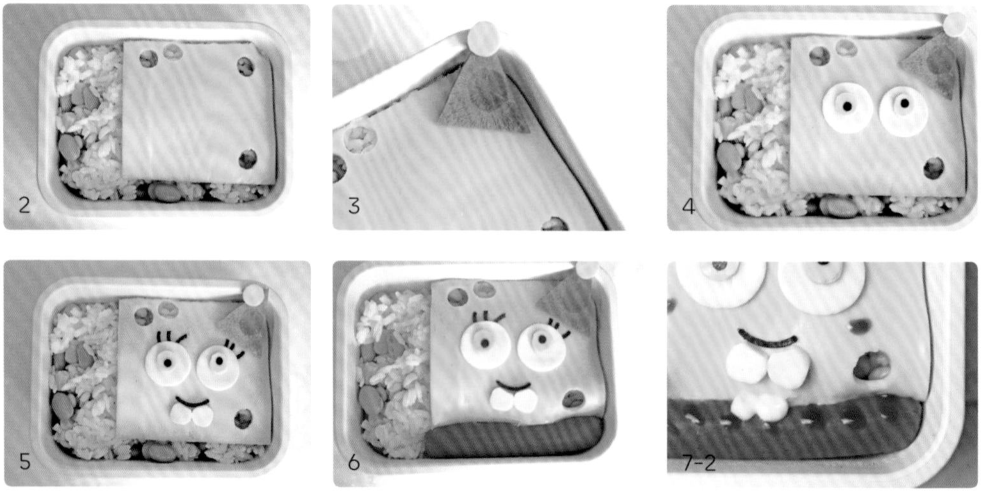

聖誕樹

8 將小松菜燙熟，在便當盒裡擺出聖誕樹的形狀，接著利用玉米粒、星型紅蘿蔔片做裝飾。

Tips

1 在擺放小松葉時，可用餐巾紙將其表面水分盡可能擦乾。

2 製作聖誕樹的食材可以依照個人喜好調整，使用花椰菜、四季豆等綠色蔬菜，拼出的聖誕樹也是非常可愛！

3 等飯稍微放涼後，再把起司片鋪上去，才不會讓起司片因飯的餘溫而融化變軟。

新的一年，
好運福氣來！

福神新年餐

新年到！就一起跟著福神來走春，

祈求新的一年事事順利，缽滿盆滿、口袋滿滿滿。

食材 *Ingredients*

- 馬鈴薯 1 顆
- 火腿 2 根
- 雞蛋 1 顆
- 蘋果 1 顆
- 起司片
- 海苔片
- 鹽巴

* 以上食材適量

配菜

炒蛋、蘋果、堅果

步驟 *Step*

米桶

1. 先將馬鈴薯蒸熟，把起司片切出一個正方形；用海苔片剪出 4 條長方形，並將長方形拼出一個「米」字。

⇒

福神

❷ 把蘋果洗乾淨後，不需要削皮並對半切。

❸ 用造型模具在起司片上壓出半圓形，當成福神的臉。

❹ 接著用海苔造型壓模，把海苔壓出五官形狀。

❺ 接著用粗吸管在起司片上壓出兩個小圓形當眼白，接著貼上圓形海苔當眼珠。

❻ 將起司片剪出 4 條直線，貼在蘋果上當裝飾。

3

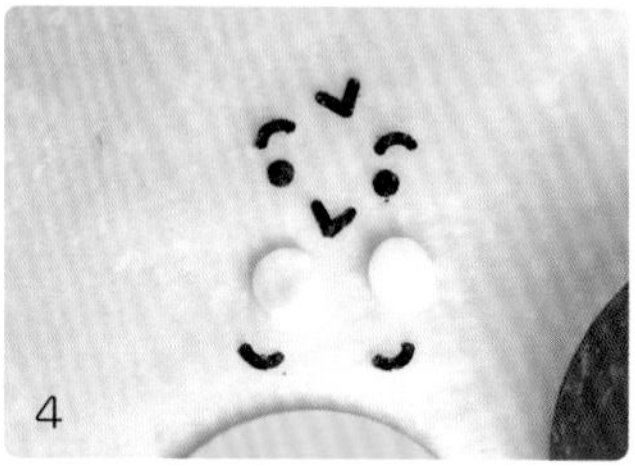
4

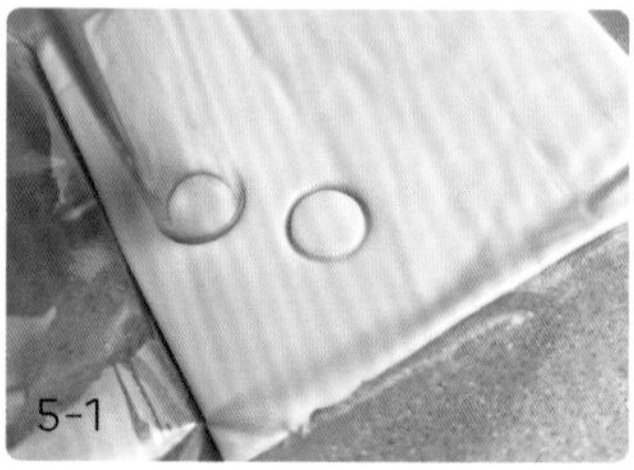
5-1

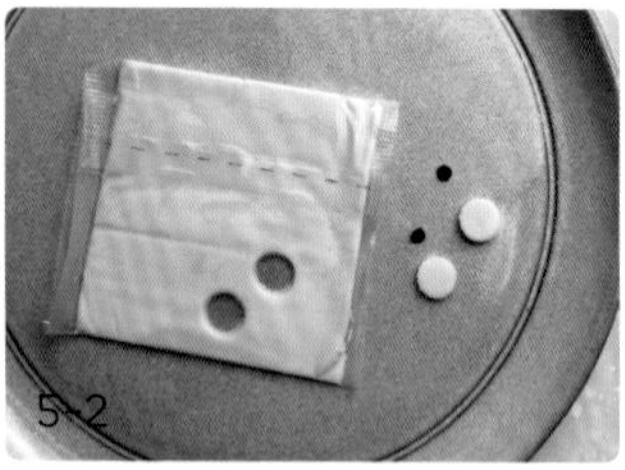
5-2

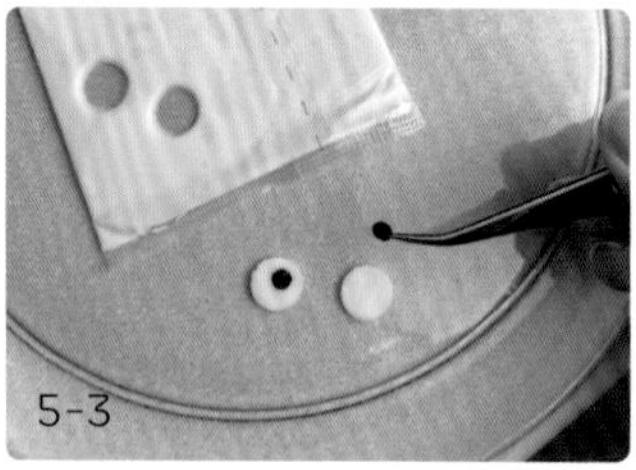
5-3

5-4

6-1

6-2

鞭炮

❼ 把火腿放入滾水中煮熟後撈起放涼，並用餐巾紙將表面水分擦乾，用切成長條的起司包裹火腿做裝飾，最後在火腿的根部插上一根乾麵條當炮竹。

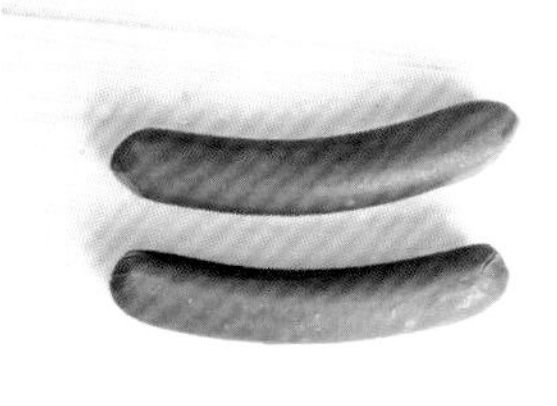
⇒
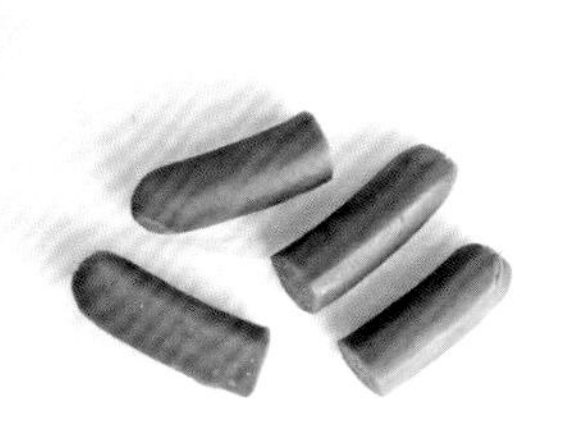
⇒

裝飾

❽ 將米桶、福神、鞭炮裝進便當盒裡，把炒蛋放進空隙中，並放入些許的堅果和蘋果切片，美味的早餐盒超豐富！

Tips

1 如果手邊沒有起司片和海苔的話，福神的表情也可直接在蘋果皮上雕刻出來唷！

2 可依個人喜好，將馬鈴薯換成地瓜。

3 炒蛋作法請參考 P.20。

用微笑的吐司，
開啟活力的一天！

貪吃鬼法式吐司

如果吃膩了一般的鹹吐司，就換點甜甜軟軟的法式吐司，
吸吮蛋液和奶香的吐司，經過平底鍋乾煎後，
外皮稍微酥酥的，內餡軟軟的，實在是好吃的不得了！

食材 *Ingredients*

- 奶油吐司 65g（1片）
- 雞蛋 1 顆
- 牛奶 45ml
- 動物性鮮奶油 10ml
- 無鹽奶油適量
- 防潮糖粉適量
- 巧克力 4 顆

配菜

葡萄、草莓、
優格、百香果

步驟 *Step*

醬汁

❶ 麵包作法請參考 P26 奶油吐司。

❷ 先將雞蛋、牛奶、鮮奶油放入調理盆中攪拌均勻後，接著用濾網過篩。

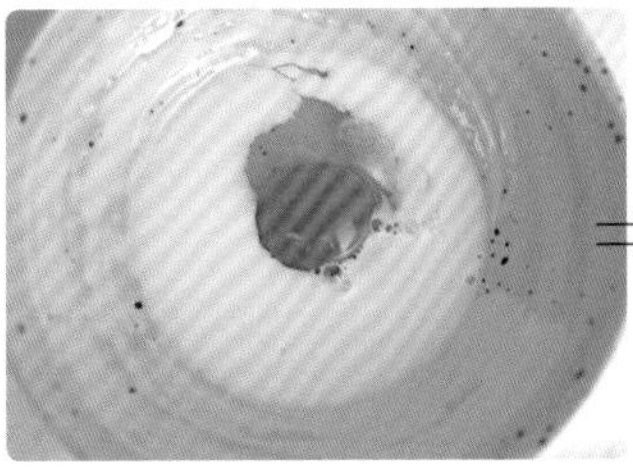
⇒
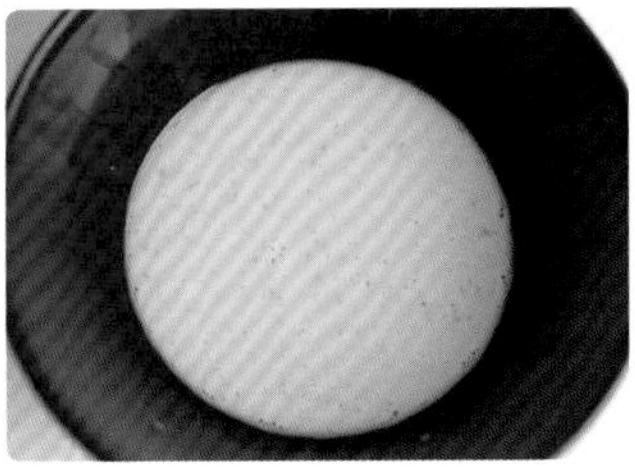

浸泡

③ 將吐司浸泡在步驟 1 已過篩的蛋奶液中，直到正反兩面的吐司都充分吸收汁液。

吐司

④ 接著，在平底鍋中抹上薄薄的一層無鹽奶油，放入吐司正反面煎至金黃色。

裝飾

⑤ 起鍋後，待吐司放涼，用巧克力豆當作眼睛，再用隔水加熱融化的巧克力筆，在煎好的吐司上繪製表情。

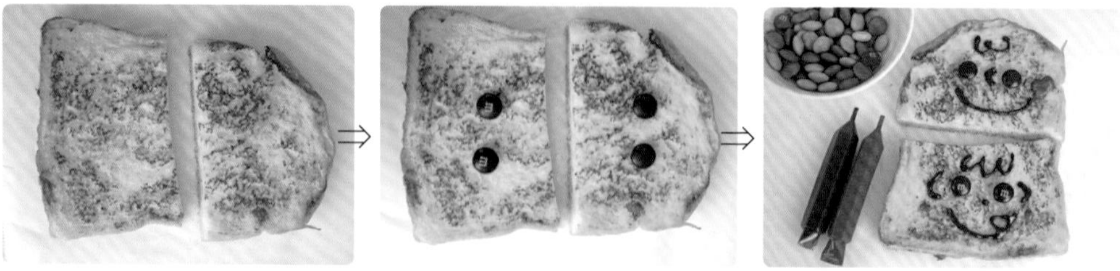

❻ 放入葡萄、草莓，最後撒上糖粉裝飾擺盤。

Tips

1 可以在前一晚先把吐司浸泡在蛋奶液中，放進冰箱冷藏一晚，隔天一早就可直接乾煎。

2 一般超市常見的糖粉都沒有防潮，糖粉很容易在撒上後融化變透明，如果想要像雪花般裝飾，可以在烘焙行找防潮糖粉。

3 如果是手殘一族的話，極力推薦在烘焙行買巧克力筆來繪製表情圖案，不僅顏色選擇很多，而且施力時也會比較好控制。

奶酥烤貓咪吐司

烤得金黃色的奶酥醬，

吃起來甜甜的充滿奶香味，熱熱地吃真的超級美味，

是大人小孩都會說讚的口味！

食材 Ingredients

- 吐司兩片
- 雞蛋 1 顆
- 奶酥醬適量
- 巧克力筆適量

配菜

蘋果、玉米、
雞蛋捲

步驟 Step

1. 麵包作法請參考 P26 奶油吐司。
2. 奶酥醬作法請參考 P38。

貓咪吐司

3. 把貓咪模型放在吐司上，壓出貓咪的臉型，並塗上奶酥醬。
4. 將貓咪吐司送進烤箱以 160 度烤 3 分鐘，烤至表面呈現金黃焦香色，最後用已經隔水融化的巧克力筆畫上貓咪的表情。
5. 在不沾平底鍋中抹油，接著倒入蛋液，等蛋被煎至邊邊可以用鍋鏟輕鬆鏟起時，慢慢的將煎蛋捲成雞蛋捲。等雞蛋捲放涼後，用剪刀將海苔片剪出一條一條的長條狀，再依序把海苔絲圍繞在雞蛋捲上，形成貓咪尾巴的紋路。

3-1

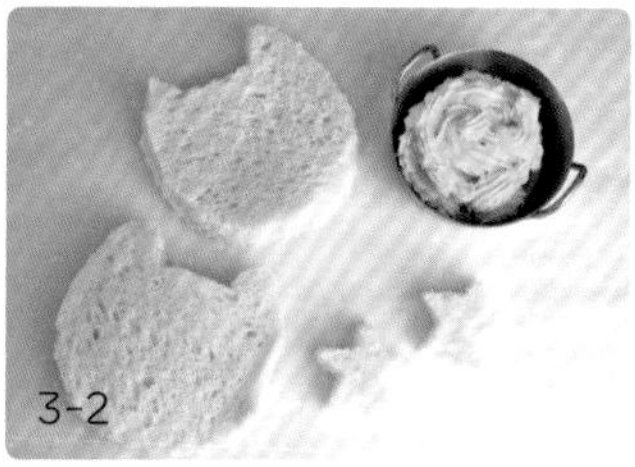
3-2

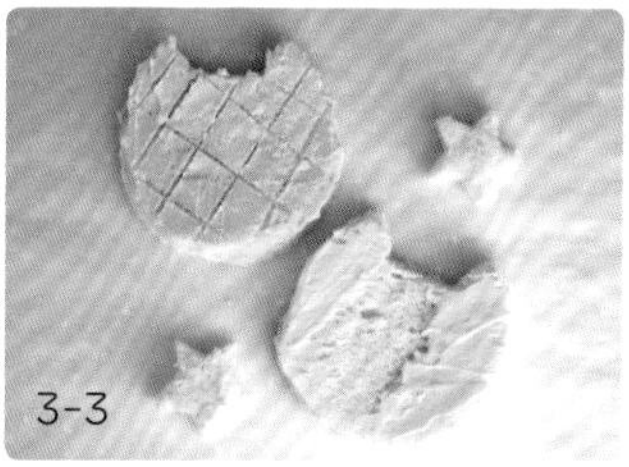
3-3

4-1

4-2

4-3

Tips

可以用壓模壓出造型裝飾，例如星星、月亮，放在餐盤吸引小孩的目光。

Blue Monday 就用神秘人
來趕走煩惱吧！

神秘人海苔飯糰

吃膩了海苔壽司，那就把它包起來吧！

利用號稱白飯殺手的香鬆粉，

再搭配上面無表情的神秘人，讓早餐多點驚喜感！

食材 *Ingredients*

- 白飯 1 碗
- 火腿 1 根
- 香鬆粉 4g
- 紅蘿蔔
- 海苔片
- 起司片
- 竹碳粉

* 以上食材適量

配菜

小松菜、毛豆、玉米

步驟 *Step*

1. 取一小碗，將白飯和香鬆粉攪拌均勻後，捏成橢圓形的飯糰。
2. 在桌面鋪上保鮮膜，放上海苔、飯糰，接著將海苔捲起來把飯整個包裹住，並用保鮮膜塑形。

1

2-1

2-2

海苔飯糰

③ 頭：把起司片剪出一個大橢圓形當作臉。

④ 表情：用造型模具在 0.1 公分的紅蘿蔔上壓出兩個三角形，接著用剪刀對半剪；再用海苔造型壓模將海苔壓出兩個橢圓形的眼睛和一個 U 形的嘴巴，並在起司片上拼貼出表情。

錢幣

⑤ 用粗吸管在起司片上壓出圓形當作錢幣，竹炭粉加水調製成黑色的天然色料，再用水彩筆繪製 $ 的符號。

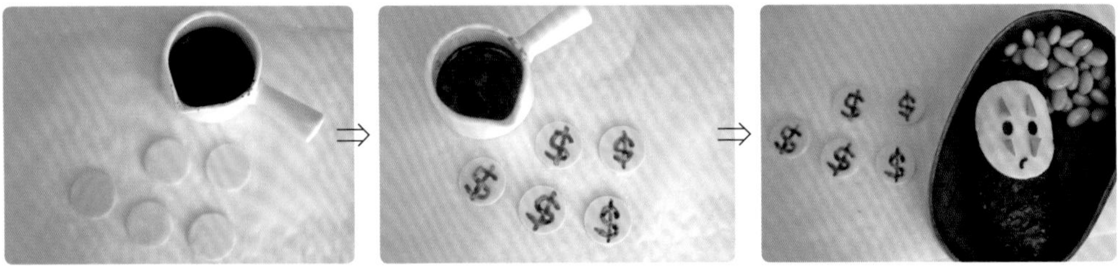

煤炭球

⑥ 用粗吸管在起司片上壓出兩個圓形，最後放上用海苔造型壓模壓出的兩個小圓形海苔當作眼睛，直接鋪在煮熟的火腿上。

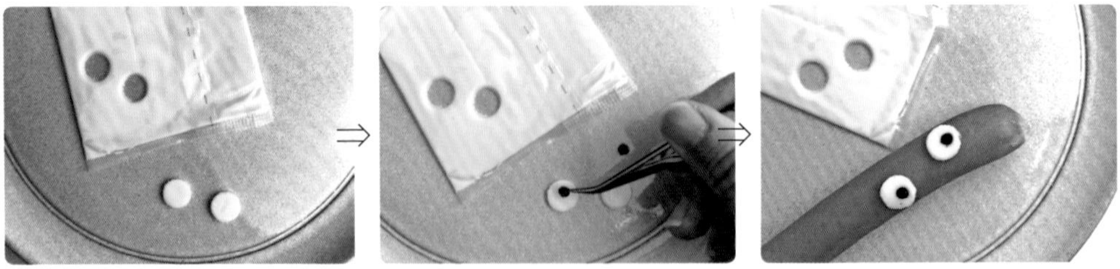

⑦ 最後放上煮熟的小松菜、毛豆、玉米即完成。

02

10 分鐘出早餐

不小心睡過頭！但還是想吃早餐～～

快！ 10 分鐘美味立刻上桌！

鮪魚玉米沙拉蛋餅

薄薄的一片蛋餅皮，就能變化出各種不同風味，

這道玉米鮪魚沙拉蛋餅，有別於傳統偏乾式的作法，

因為添加了玉米、鮪魚、洋蔥，所以吃起來是濕濕潤潤的，非常好吃！

食材 *Ingredients*

- 鮪魚罐頭 56g
- 玉米粒 136g
- 洋蔥末 91g
- 沙拉醬 10g
- 雞蛋 1 顆
- 蛋餅皮 1 張
- 黑胡椒適量

配菜

高麗菜絲、蘋果、堅果

步驟 *Step*

備料

① 將鮪魚罐頭內的多餘水分瀝乾，只要保留鮪魚肉，再加入玉米粒、洋蔥末、沙拉醬、黑胡椒攪拌均勻備用。

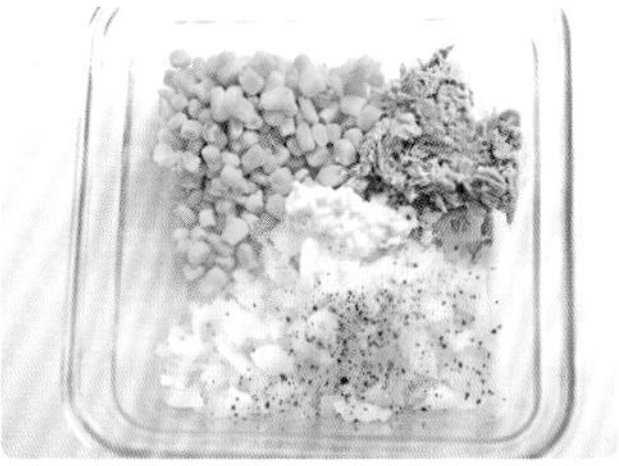

料理

② 把冷凍蛋餅皮直接放入不沾鍋中，用小火煎至單面呈現金黃色，反面續煎熟透後，取出備用。

③ 取一小碗，打入雞蛋攪拌均勻後倒入平底鍋，並鋪上已經煎熟的蛋餅，讓蛋液與餅皮充分連結，再放入已拌勻的鮪魚玉米沙拉，最後把蛋餅捲起來切片。

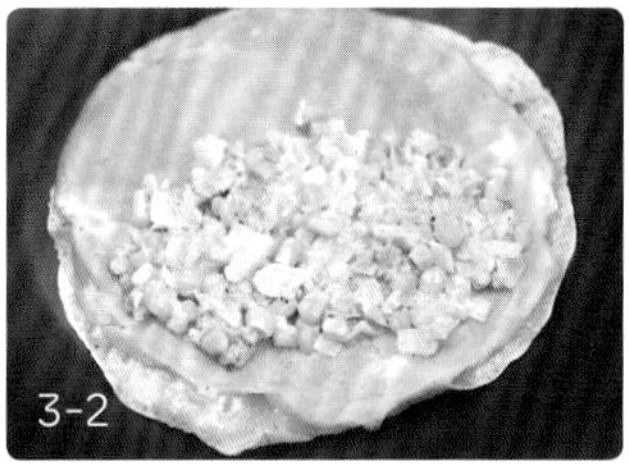

Tips

1 因為市售的鮪魚罐頭有一定鹹度，建議在選購時可以先挑選低鹽款，在拌入沙拉時，不需要再另外加入鹽巴，也會很好吃。

2 因為蛋餅皮本身有一定的油脂，如果使用不沾鍋乾煎時，可以不放食用油。

3 鮪魚玉米沙拉如果一次做比較多，可放入保鮮盒送進冰箱冷藏保存約 2 天。

生菜蝦鬆炒飯

不油不膩，
口感超清爽！

大家對於炒飯的印象都是偏油膩，
但這道食譜，因為有了美生菜的加持，
吃起來沒有負擔，
吃早餐的同時，也一起把青菜吃下肚。

食材 Ingredients

- 去殼蝦仁 90g
- 白飯 400g
- 雞蛋 1 顆
- 美生菜 100g
- 蒜頭 5g
- 米酒 2.5m
- 食用油 2ml
- 鹽巴 1.5g
- 白胡椒粉適量

步驟 Step

1. 蒜頭切片後，放入加了食用油的平底鍋，拌炒至蒜香飄出。
2. 將白飯和米酒一同倒入平底鍋中，炒散成一粒一粒，再把去殼蝦仁切段後放進鍋中，持續拌炒至蝦仁五分熟。
3. 將雞蛋攪拌均勻並放進鍋中，持續拌炒至熟透。關火後，加入美生菜、鹽巴、白胡椒粉，翻炒 30 秒便可起鍋。

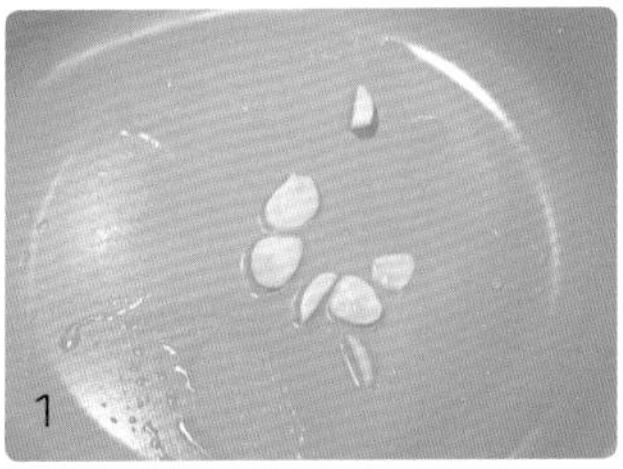
1

2-1

2-2

3-1

3-2

Tips

因為美生菜可以直接生食，所以最後加進去，利用炒飯的餘溫去拌一下，這樣更能保持口感。

一口咬下滿滿的乳酪奶香，
搭配草莓酸甜滋味！

草莓生乳酪捲

在滿滿草莓的季節裡，
怎麼能少這款酸甜又帶有乳酪奶香的草莓生乳酪捲呢？
一早吃進甜甜的草莓，瞌睡蟲都被趕跑了！

食材 Ingredients

- 鹽奶油捲 1 個
- 新鮮草莓
- 奶油乳酪起司
- 糖粉

＊以上食材適量

配菜

水煮蛋、牛奶、
百香果

步驟 Step

1. 麵包作法請參考 P32 鹽奶油捲。
2. 將鹽奶油捲從中間切開，塗抹上奶油乳酪起司，放入新鮮草莓、灑上糖粉，再搭配水煮蛋、百香果、牛奶即完成豐盛的一餐。

Tips

1. 在把草莓夾進麵包前，務必要用餐巾紙把表面的水分擦乾，這樣才不會讓麵包因為受潮而吃起來軟軟的，影響口感。
2. 蜜蜂雞蛋作法請參考 P58。

鹹甜香，
火腿＋起司超絕配！

生火腿起司捲

帶點鹹香的義式生火腿和起司搭在一起，
這完美的結合真的會讓人忍不住一口接著一口，
適合沒有什麼胃口的早晨！

食材 *Ingredients*

- 鹽奶油捲 1 個
- 義式生火腿 1 片
- 起司片 1 片

配菜
水煮蛋、堅果、
奇異果

步驟 *Step*

1. 麵包作法請參考 P32 鹽奶油捲。
2. 用海苔造型壓模將海苔壓出水煮蛋五官。接著，把造型叉子插入水煮蛋的頂部當耳朵，最後貼上海苔表情。
3. 把義式生火腿、起司片依序夾入已切開的鹽奶油捲中，再搭配水煮蛋、奇異果、堅果即可上桌。

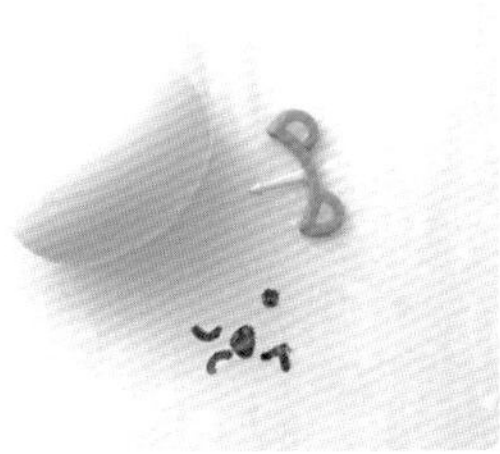
2

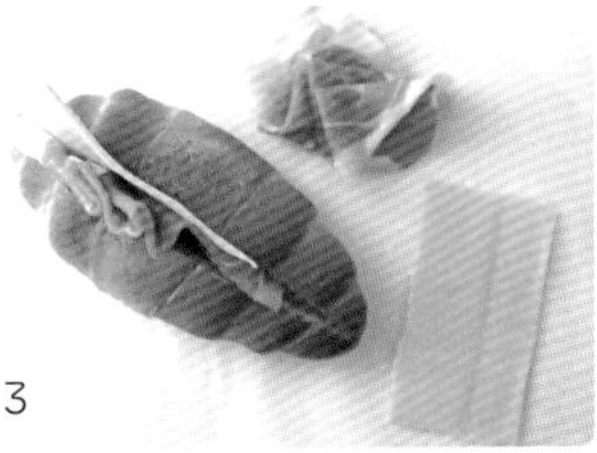
3

Tips

因為義式生火腿和起司片都有鹹度，所以不需要再撒上鹽巴調味，如果喜歡更清爽的口感，可以自行加點生菜也好吃。

韓式飯捲

看起來很複雜的韓式飯捲，其實一點也不難，
只要在前一晚先把材料放入電子鍋中煮好，
隔天早上再把煮好的飯、菠菜、雞蛋捲一起放在海苔上捲起來，
就能快速完成超有飽足感的早餐。

食材 Ingredients

- 白米 1 量米杯
- 乾香菇 3 朵
- 小松菜適量
- 雞蛋捲適量
- 日式醬油 30ml
- 味醂 15ml
- 麻油 1.5ml
- 食用油適量
- 水 95ml
- 白芝麻粒適量

步驟 Step

1. 把日式醬油、味醂、水、泡過水的香菇與白米一起放入電鍋中煮（日式醬油、味醂、水，三者加起來的水量約是九分滿的量米杯）。
2. 白飯煮好稍微放涼後，加入麻油和白芝麻粒，並用飯勺攪拌均勻。
3. 同時，煮一鍋熱水，加入食用油，接著放入小松菜川燙熟透後撈起，並用餐巾紙按壓擠出多餘的水分，也把煎好的雞蛋皮捲起來後切條備用。
4. 取一海苔片，鋪上白飯，依序擺放川燙好的小松菜（水分擠乾）、香菇絲、蛋皮絲，接著將海苔捲起來塑型即完成。

1-1

1-2

3

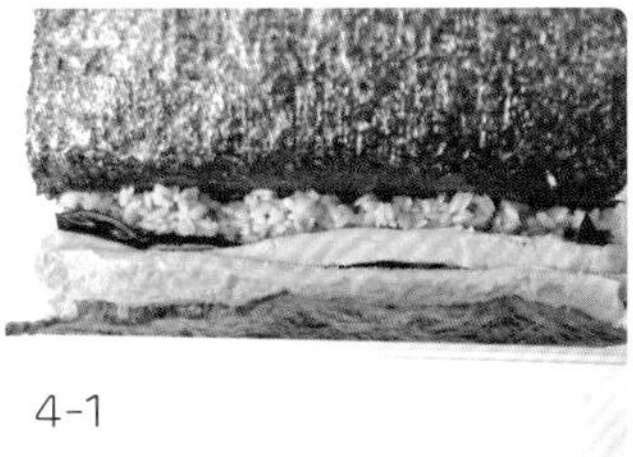
4-1

4-2

Tips

剛從電鍋拿出來的飯會有一點點熱氣，為了避免海苔會變得軟軟的，可先等 2 分鐘讓熱氣散去，再拌入麻油和白芝麻粒。

外皮酥、內層Q，
雙重口感享受！

焗烤麻糬花生醬吐司

吃起來有花生醬的甜和起司的鹹，
搭配中間一層 QQ 的麻糬，
一口咬下幸福感立刻爆表，好好吃！

食材 *Ingredients*

- 吐司 30g（2 片）
- 焗烤起司絲 30g
- 麻糬 50g
- 花生醬適量

配菜

蘆筍、水波蛋、蘋果、堅果

步驟 *Step*

1. 先在一片吐司上鋪平焗烤起司絲，送進氣炸烤箱以溫度 160 度烤 5 分鐘。
2. 將麻糬和另一片噴過水的吐司，連同步驟 1 的焗烤起司吐司一起放入氣炸烤箱，以溫度 160 度烤 5 分鐘。
3. 接著，在氣炸過後的吐司上塗抹花生醬，並放上麻糬、焗烤起司吐司即完成。

2

3-1

3-2

Tips

1 麻糬不需要抹油，直接放入烤箱，烤到外表皮整個是澎起來的狀態，這樣的口感才會是外酥內 Q。

2 蘆筍淋上橄欖油，放入氣炸烤箱以 200 度烤 3 分鐘，撒上鹽巴和黑胡椒調味。

3 水波蛋作法請參考 P22。

自製核桃奶酥醬，
健康又美味！

核桃杏仁奶酪佐貝果

自己製作的核桃杏仁奶酪醬不會太甜，
吃起來更是帶有濃郁的堅果香，以及奶酪香氣，
再搭配一杯咖啡和水果，就是一份快速又美味的早餐。

食材 *Ingredients*

- 貝果 1 個
- 核桃杏仁奶酪醬適量

配菜

玉子燒、奇異果、義式生火腿

步驟 *Step*

1. 把貝果切半後，表面噴水送進烤箱以 160 度烤 5 分鐘，烤至表面呈現金黃焦香色。
2. 接著，在貝果上塗抹核桃杏仁奶酪醬（作法請參考 P37），並可搭配自己喜歡的水果、蔬菜、火腿等。

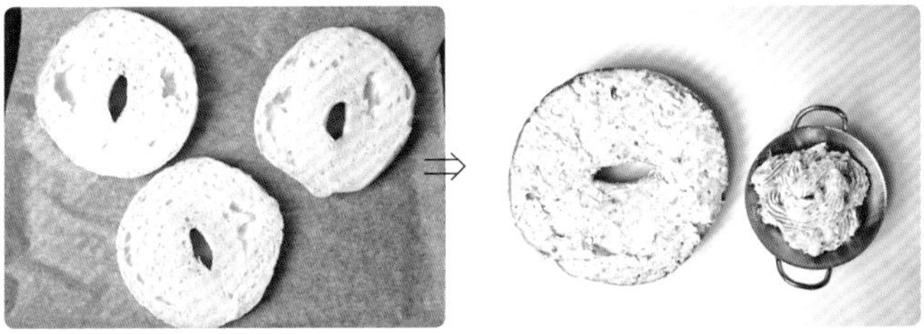

Tips

1. 貝果加熱的方式可以用電鍋蒸，也能用烤箱烤，兩種都很方便，但推薦用烤箱烤，因為烤過的貝果吃起來是外酥內 Q 彈。
2. 玉子燒作法請參考 P22。

焗烤筆管麵

鋪上滿滿的起司，
讓餐點立刻升級！

誰說早餐不能吃焗烤？

只要把麵煮好、加點起司，10 分鐘就完成！

食材 *Ingredients*

- 無水番茄牛腩義大利麵 286g
- 焗烤起司絲 60g
- 黑胡椒粒適量
- 巴西利適量

步驟 *Step*

1. 料理前一晚，把事先做好放在冰箱冷凍保存的無水番茄牛腩義大利麵，移至冷藏中退冰，早上起床時把義大利麵放置烤皿裡。
2. 把焗烤起司絲鋪在義大利麵上，並撒入適量的現磨黑胡椒粒，送進氣炸烤箱以溫度 230 度烤 6 分鐘，食用前撒入些許巴西利。

Tips

1 焗烤起司絲在買回家後，建議可以分裝放進冰箱冷凍保存，以避免發霉，每次使用只取需要的量。

2 無水番茄牛腩義大利麵相關作法請參考 P202。

忙碌的早晨，
來片奶油香氣十足的
吐司墊墊肚子

丹麥吐司佐奶油果醬

丹麥吐司最簡單的吃法就是厚切，
加上一塊無鹽奶油和果醬，
就能吃出丹麥麵包的蓬鬆口感，以及奶油香氣！

食材 Ingredients

- 丹麥吐司
- 無鹽奶油
- 果醬

＊以上食材適量

步驟 Step

1. 麵包作法請參考 P28 丹麥吐司。
2. 把丹麥吐司厚切後，表面噴水送進烤箱以 160 度烤 3 分鐘，烤至表面呈現金黃焦香色。
3. 接著，放上一塊無鹽奶油，並搭配自己喜歡的果醬。

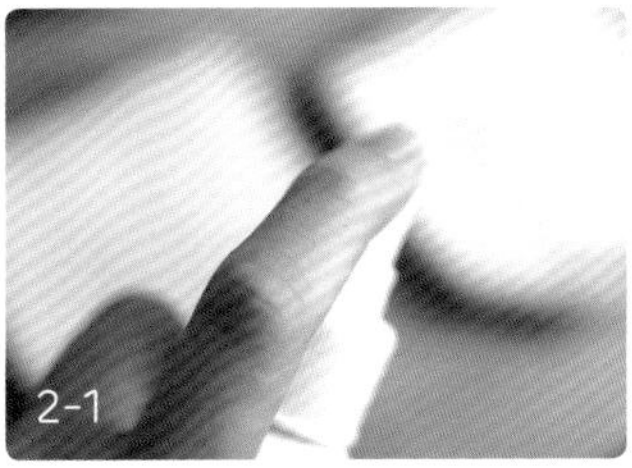
2-1

2-2

3

Tips

丹麥麵包雖然直接吃也好吃，但加熱過後，裡面的奶油會因為熱氣，讓小麥粉的香氣會更加濃郁。

蘋果肉鬆起司丹麥三明治

蘋果甜甜的，
搭配肉鬆起司的鹹，
吃都吃不膩！

蘋果的爽脆多汁，搭配上鹹香的肉鬆和起司，
看似很不對味的組合，意外撞出鹹鹹甜甜的好滋味，
沒吃過的朋友一定要試看看。

食材 *Ingredients*

- 丹麥吐司 2 片
- 雞蛋 2 顆
- 蘋果片 48g
- 起司 1 片
- 肉鬆 10g

步驟 *Step*

① 麵包作法請參考 P28 丹麥吐司。

② 將丹麥吐司切片後，表面噴水送進烤箱以 160 度烤 3 分鐘，烤至表面呈現金黃焦香色。

③ 把雞蛋攪打均勻，倒入抹上薄薄一層食用油的不沾鍋內，等蛋液呈現八分熟狀，依序將蛋的四角由外往內折跟吐司差不多大小的四邊形。

2-1

2-2

3

組裝

④ 取一片丹麥吐司，依序放入起司片、肉鬆、蘋果片、雞蛋，再蓋上另外一片吐司。最後，將三明治從中間對半切開即完成。

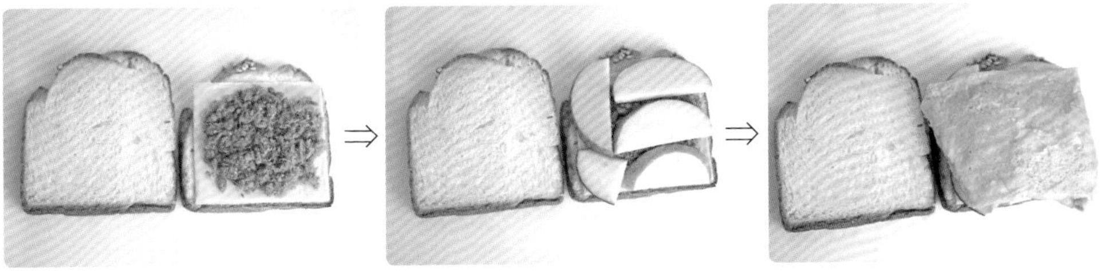

只要有玉米出場，
立刻被小孩秒殺

玉米乳酪蛋熱壓吐司

熱壓吐司帶有特殊的焦香氣和酥脆的麵包口感，

是一般烤箱烤不出來的滋味和香氣，

融化的起司搭配玉米炒蛋的清甜，超美味！

食材 *Ingredients*

- 吐司
- 玉米炒蛋
- 起司
- 番茄醬
- 現磨黑胡椒粒

＊以上食材適量

步驟 *Step*

1. 麵包作法請參考 P26 奶油吐司。
2. 玉米炒蛋作法請參考 P20。
3. 將第一片吐司放上熱壓機，依序疊上起司片、玉米炒蛋、少許番茄醬、黑胡椒。接著，放上第二片吐司，蓋上熱壓機，完成後對半切即可享用。

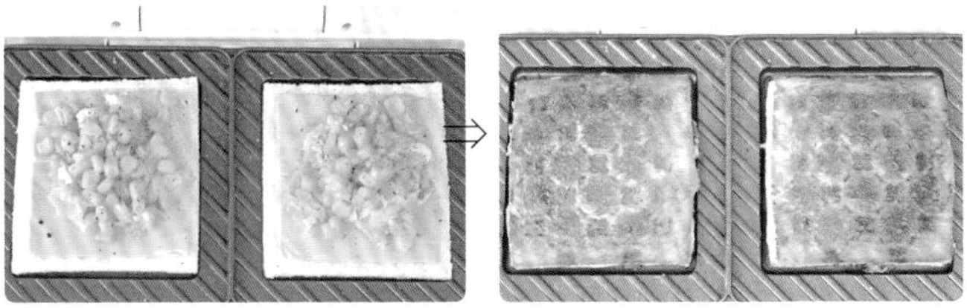

Tips

如果手邊沒有玉米粒罐頭，也可以用刀子將整根玉米的玉米粒削下來拌炒。

溫泉蛋
P21
迷迭香烤過後
更香更美味！

迷迭香奶油吐司

迷迭香淡淡的香氣，搭配奶油是絕妙的滋味，
特別是烤過的迷迭香，讓人食指大動，
吃起來香脆可口、回味無窮！

食材 *Ingredients*

- 吐司
- 奶油迷迭香醬

配菜
義式生火腿、
焗烤櫛瓜、堅果

步驟 *Step*

1. 麵包作法請參考 P26 奶油吐司。
2. 奶油迷迭香醬作法請參考 P35。
3. 把奶油迷迭香醬直接塗抹在吐司上，送進烤箱以 160 度烤 3 分鐘，烤至表面呈現金黃焦香色。

4. 吃的時候可搭配喜歡的堅果、義式生火腿和烤蔬菜一起享用。

蔬菜蛋餅

如果擔心早餐吃蛋餅會很油膩，

這道蔬菜蛋餅是屬於清爽系的風味，

一口咬下除了滿滿的高麗菜清甜，更保有蛋餅本身的香氣。

食材 Ingredients

- 高麗菜絲 120g
- 雞蛋 2 顆
- 蛋餅皮 2 張
- 大阪燒醬 3ml

配菜

優格、堅果、芭樂

步驟 Step

1 把冷凍蛋餅皮直接放入不沾鍋中，用小火煎至單面呈現金黃色，反面續煎熟透後起鍋備用。

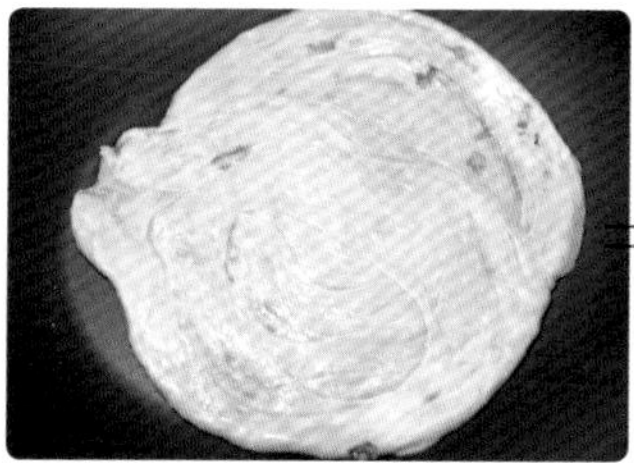

⇒

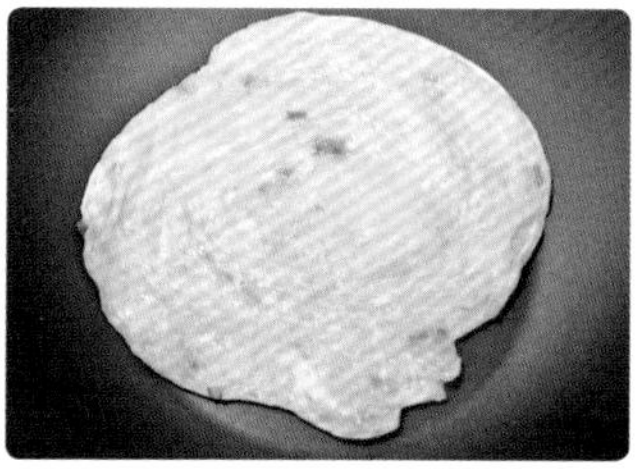

2 把高麗菜絲和雞蛋混合攪拌均勻後，將高麗菜蛋液倒入平底鍋，再鋪上已經煎熟的蛋餅皮，讓高麗菜蛋液與餅皮充分連結，最後把蛋餅由外往內捲起來，切好即可上桌。

⇒

⇒

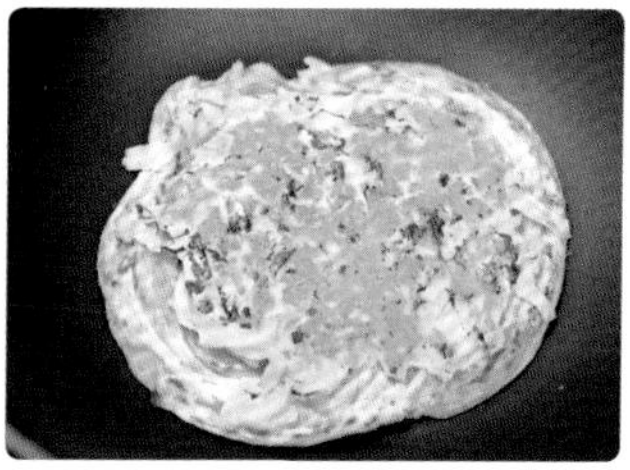

Tips

因為市售的大阪燒醬有一定鹹度，建議在選購時可以先挑選低鹽款，也不需要再另外加入鹽巴就很夠味了。

很餓的早晨，需要
重量級的搭配！

燒肉飯糰

在鹹甜的燒肉飯糰裡，添加清爽的高麗菜絲、紅蘿蔔絲，

再用海苔包起來，不僅方便食用，

在剛睡醒的早晨裡，也能瞬間胃口大開！

食材 *Ingredients*

- 白飯適量
- 豬肉片 60g
- 雞蛋 2 顆
- 高麗菜 135g
- 紅蘿蔔 50g
- 海苔 2 片
- 燒肉醬 5ml
- 麻油 1ml
- 白芝麻粒 1g
- 食用油適量

步驟 *Step*

1. 把高麗菜、紅蘿蔔去皮後切絲，放入保鮮盒中加點鹽巴（分量外）抓醃，接著用手盡量把多餘的水分去除備用。
2. 煮好的白飯稍微放涼後，拌入麻油和白芝麻粒，並攪拌均勻。

1-1

1-2

2

③ 在平底鍋中放入一點食用油，打入雞蛋，接著把荷包蛋正反面蛋白煎熟，蛋黃熟度可依照個人喜好調整。

④ 把豬肉片放入不沾鍋中炒至九分熟，加入燒肉醬煮至全熟備用。

3

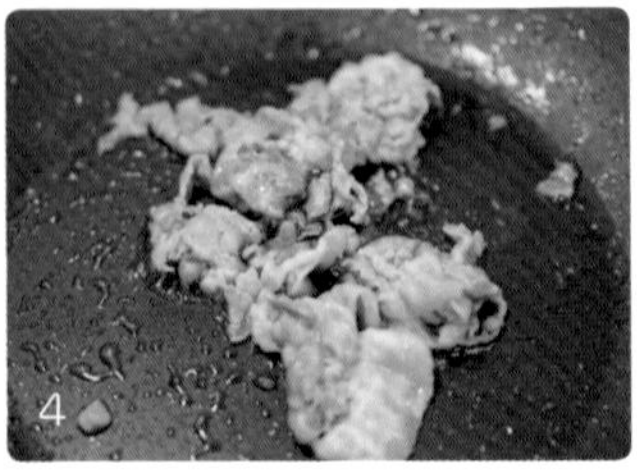
4

組裝

⑤ 在桌面鋪上保鮮膜，放上一片海苔，在海苔中間用剪刀剪開至一半的位置，把海苔區分成四等分，依序在每一小格放上高麗菜沙拉、荷包蛋、醬燒豬肉，以及白飯，並依照逆時鐘將海苔摺起來，接著用保鮮膜包住塑型。

Tips

1 在包海苔時，粗的那面是裡面，可以用來放食材。

2 因為高麗菜容易出水，為了避免影響海苔口感，高麗菜絲的水分一定要盡量擠乾。

03

網美打卡餐

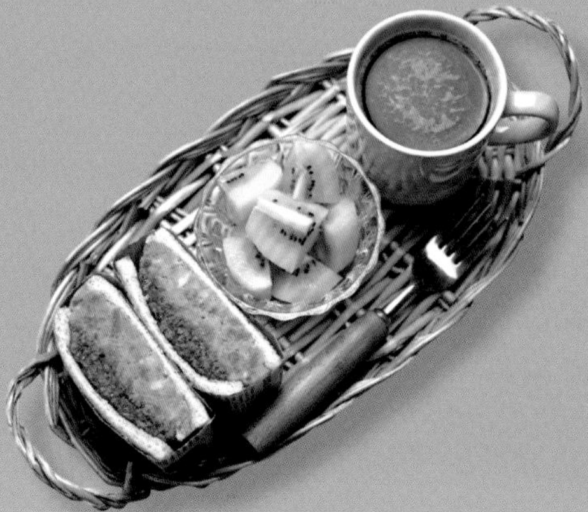

在家吃早餐，也要滿滿的儀式感！

厚火腿蛋吐司

大口咬下，鹹香火腿中
多了一點清爽口感

厚厚的火腿、香味四溢的蛋皮、鹹鹹的起司片，
再搭配上甜甜的美乃滋，
鹹甜中又兼具多重口感，真的是超級美味。

食材 *Ingredients*

- 吐司 2 片
- 雞蛋 1 顆
- 厚火腿 75g（4 片）
- 高麗菜絲 50g
- 起司 2 片
- 黑胡椒適量
- 美乃滋適量

步驟 *Step*

1. 麵包作法請參考 P26 奶油吐司。
2. 將吐司用烤箱稍微烤過後，在其中一片吐司上塗抹薄薄一層美乃滋。
3. 接著將煎過的蛋皮、高麗菜絲、厚火腿、起司片依序鋪在吐司上，最後撒上黑胡椒，再放上另一片吐司即可。

2

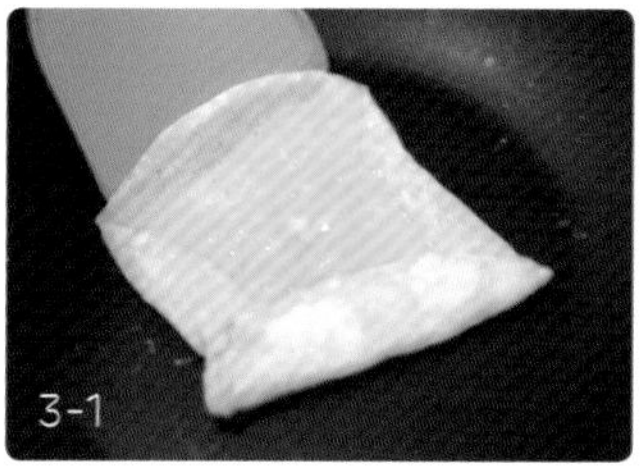
3-1

3-2

3-3

3-4

3-5

Tips

因為厚火腿、起司片和美乃滋都有一定的鹹味，所以只需要撒些現磨黑胡椒粒提味即可。

厚蛋三明治佐花生醬

綿密花生香搭配
柔軟的玉子燒，超讚！

一口咬下三明治，麵包鬆軟、厚蛋濕潤，
再搭配滑順綿密的花生醬，甜甜鹹鹹的，
不僅好看，更是美味極了！

食材 *Ingredients*

- 吐司
- 玉子燒
- 花生醬
- 鹽巴

* 以上食材適量

步驟 *Step*

1. 麵包作法請參考 P26 奶油吐司。
2. 玉子燒作法請參考 P22。
3. 將兩片吐司用烤箱稍微烤過後，在吐司的一面抹上厚厚一層花生醬。
4. 把厚蛋玉子燒切半放在吐司上，再蓋上另一片吐司，要吃的時候對切享用。

2

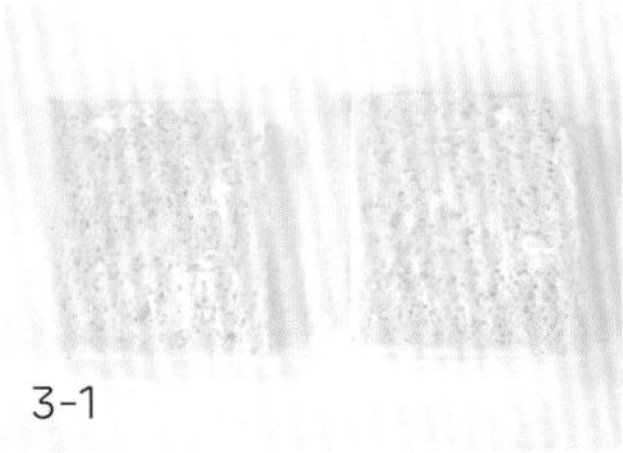
3-1

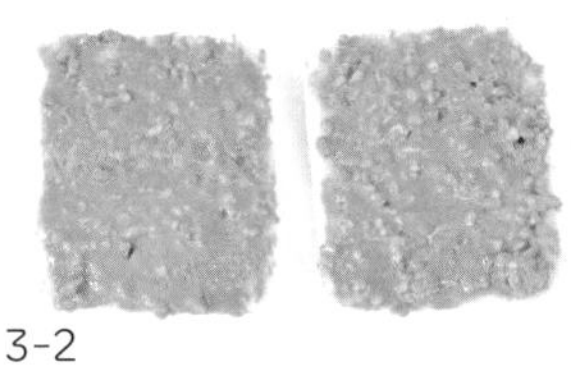
3-2

4

Tips

一般市售的花生醬會有兩種選擇，一種是滑順口感，一種是有顆粒，可以依照個人喜好選用。

蛋沙拉三明治

滑順口感的蛋沙拉，搭配麵包的小麥香氣，
吃起來是清爽不膩口，也可以冰冰涼涼的吃，
非常適合在炎熱的季節裡食用。

食材 *Ingredients*

- 蛋沙拉
  - 雞蛋 1 顆
  - 馬鈴薯 2 顆
  - 紅蘿蔔 1/3 顆
  - 美乃滋適量
  - 鹽巴適量
  - 細砂糖適量
  - 黑胡椒粉適量
- 吐司
- 起司片

步驟 *Step*

1. 麵包作法請參考 P26 奶油吐司。

蛋沙拉

2. 將馬鈴薯和紅蘿蔔削皮洗乾淨後、用沾濕的紙巾裹上雞蛋放入電鍋，外鍋放 1 杯半量米杯的水，並按下按鈕。
3. 蒸熟食材後，把馬鈴薯壓成泥，再加入切碎的紅蘿蔔、水煮蛋、鹽巴、美乃滋、黑胡椒、砂糖攪拌均勻。
4. 在吐司上放第一片起司片、蛋沙拉，再放上第二片起司片，並蓋上另一片吐司。

2

3-1

3-2

3-3

4

Tips

蛋沙拉如果一次做太多吃不完的話，可以放在冰箱冷藏保存約 2 ～ 3 天。

滑順濃郁的芋頭香氣，
讓人忍不住要多吃幾口

芋泥肉鬆吐司

芋泥肉鬆吐司吃起來鹹鹹甜甜，非常美味！
可買切塊芋頭塊，料理前只要稍微用水沖洗即能放進電鍋，
蒸熟之後再碾壓、調味、攪拌均勻就可放冰箱冷藏保存。

食材 Ingredients

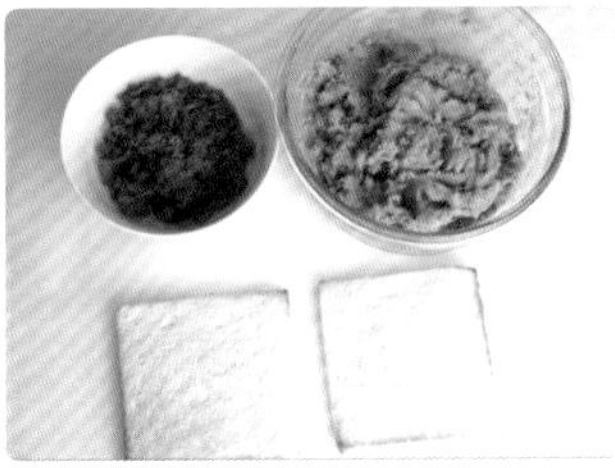

- 吐司
- 芋頭泥
- 肉鬆

* 以上食材適量

步驟 Step

1. 麵包作法請參考 P26 奶油吐司。
2. 芋頭泥作法請參考 P39。
3. 從冷凍庫拿出吐司，噴水後放進烤箱以 160 度烤 4 分鐘。把芋頭泥和肉鬆分別鋪平在烤過的吐司上，接著將兩片吐司合起來。

2-1

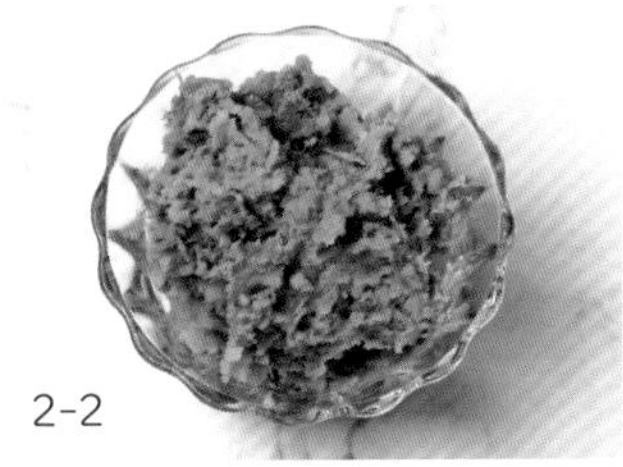
2-2

3

奶油乳酪大蒜麵包

大蒜、奶油乳酪兩種不同的組合，
吃起來帶有濃郁蒜香鹹味和乳酪奶香氣，
讓人齒頰留香，好吃到停不下來！

食材 *Ingredients*

- 奶油餐包
- 巴西利
- 大蒜奶油醬

* 以上食材適量

- 奶油乳酪醬
  - Cream cheese 130g
  - 細砂糖 10g
  - 動物性鮮奶油 15ml
  - 牛奶 10ml

步驟 *Step*

1. 麵包作法請參考 P30 奶油餐包。
2. 大蒜奶油醬作法請參考 P36。
3. 奶油乳酪醬：將 cream cheese 放入攪拌機打鬆，接著加入鮮奶油、牛奶和細砂糖一起打到鬆鬆的，具有綿密口感。
4. 把發酵好的麵糰從中間切開後，塗抹大蒜奶油醬，送進烤箱以上火 230 度、下火 190 度烘烤 16 分鐘。
5. 等麵包烤好放涼後，切開餐包、擠上奶油乳酪抹醬，並撒上巴西利。

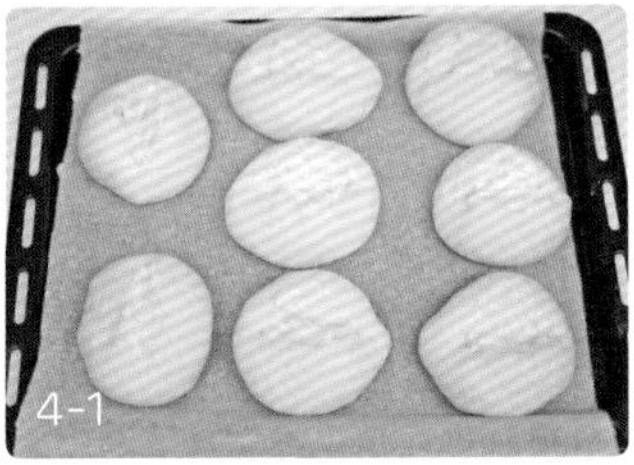
4-1

4-2

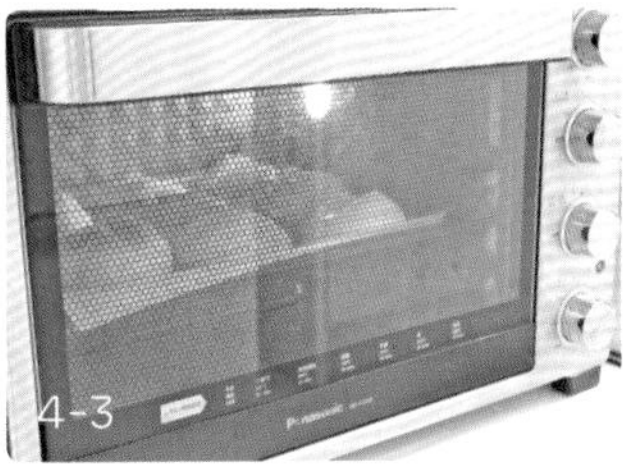
4-3

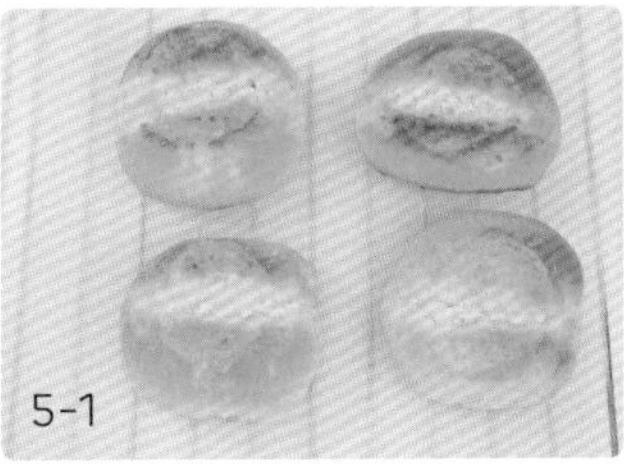
5-1

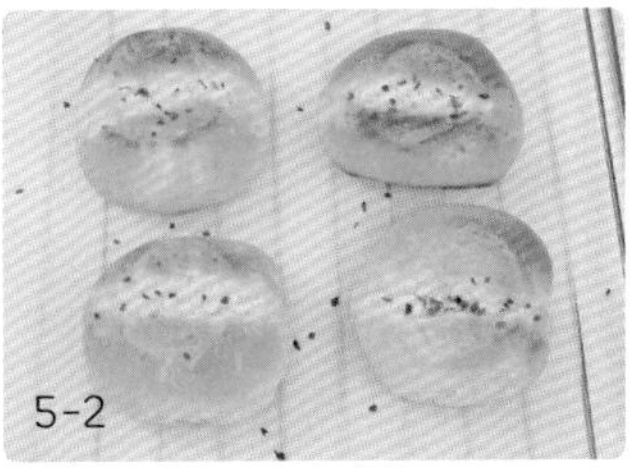
5-2

5-3

綿綿鬆鬆又有點軟軟，
超美味早餐提案！

蜂蜜鬆餅蛋糕

有點嬌貴的蜂蜜鬆餅蛋糕，
一烤出爐就是要馬上吃，不然蛋糕就會回縮，
是款適合熱熱吃的蛋糕。

食材 *Ingredients*

- 低筋麵粉 40g
- 砂糖 25g
- 牛奶 33ml
- 蜂蜜 15g
- 雞蛋2顆（蛋黃、蛋白分開）
- 無鋁泡打粉 2g
- 糖粉 & 奶油適量

步驟 *Step*

麵糊

❶ 將砂糖 5g、牛奶、蛋黃 2 顆、蜂蜜放入調理盆內攪拌均勻，倒入過篩後的低筋麵粉和無鋁泡打粉攪拌均勻。

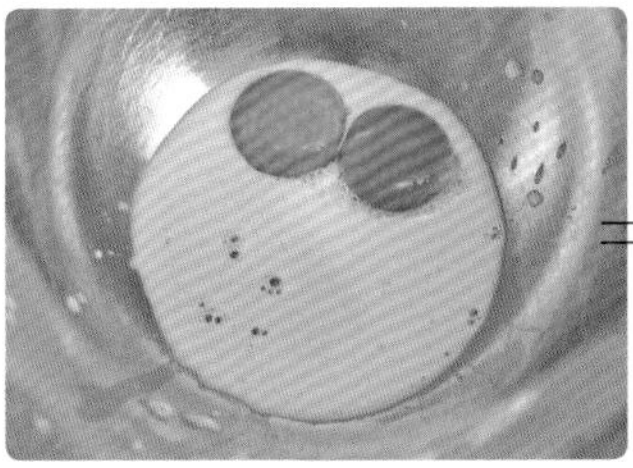 ⇒  ⇒ 

蛋白糊

❷ 用攪拌器低速打發 2 顆蛋白，到蛋白出現粗泡時加入砂糖，將 20g 砂糖分成三次慢慢加入，蛋白需要打到拉起來是尖角或小彎勾。

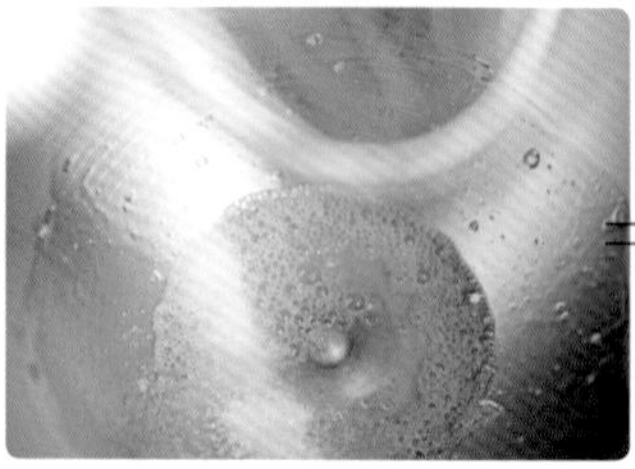

混合

❸ 將打發的蛋白先取 1/3 量拌入蛋黃糊攪拌均勻後，接著再把剩下的蛋白倒入蛋黃糊，並用打蛋器拌至九分均勻。

❹ 接著換成刮刀用切的手法，輕輕地確認所有的蛋黃、蛋白都攪拌均勻。

❺ 烤箱可以同步預熱 180 度。

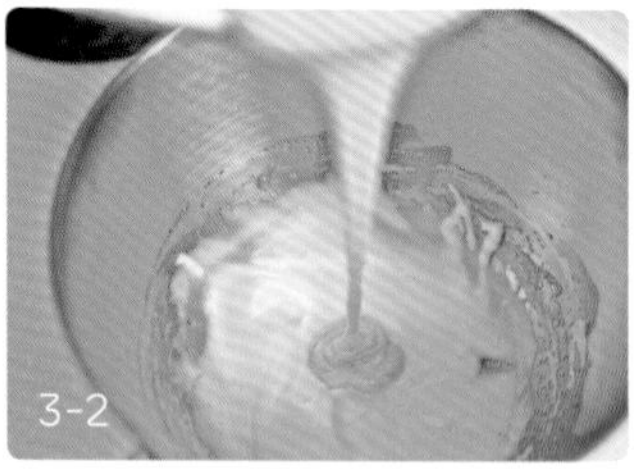

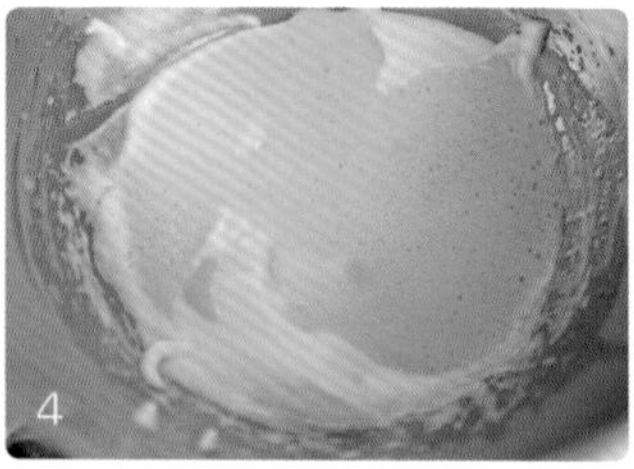

烘烤

6 將麵糊從高往下倒入鑄鐵平底鍋後，往桌上一放震出空氣，接著放入烤箱以 180 度烤 10 分鐘。

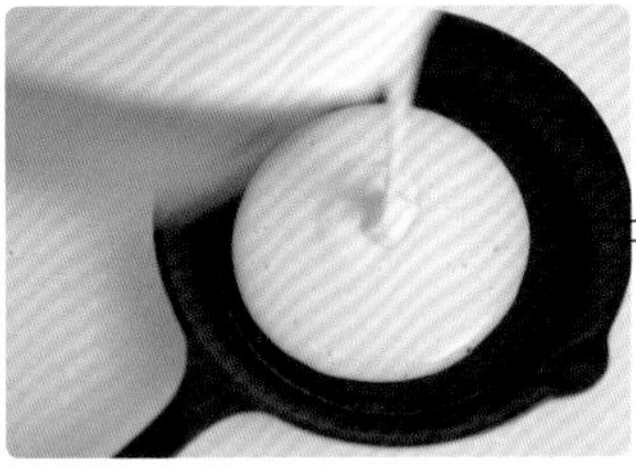
⇒

⇒

7 取出後在蛋糕中間劃十字，再送入烤箱以 180 度烤 10 分鐘上色。食用前，可以依照個人喜好撒入適量糖粉和奶油塊。

⇒
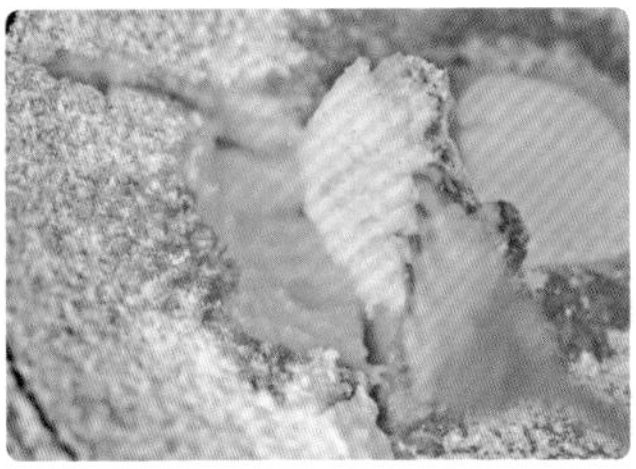

Tips

1. 打發蛋白的鍋子必須是全乾無水，以避免蛋白打不發。
2. 在打發蛋白糊和蛋黃糊混合時，建議可以先將 1/3 的蛋白與蛋黃糊進行攪拌，藉著先混合的這個動作，讓後面再次倒入的打發蛋白質地更為相近，這樣可以避免因攪拌時過度用力而產生消泡。

大人的口味

黑糖肉桂捲

肉桂的特殊香氣讓喜歡的人很愛，不喜歡的人討厭。
肉桂聞起來細緻不刺鼻，搭配些許的黑糖，
不僅是種很好的調味品，同時也兼具藥性，促進代謝。

食材 Ingredients

- 高筋麵粉 300g
- 細砂糖 40g
- 鹽 4g
- 即溶速發酵母 4g
- 無鹽奶油 50g
- 冰牛奶 210ml

- 黑糖肉桂
  - 黑糖粉 60g
  - 無鹽奶油 60g
  - 肉桂粉 4g

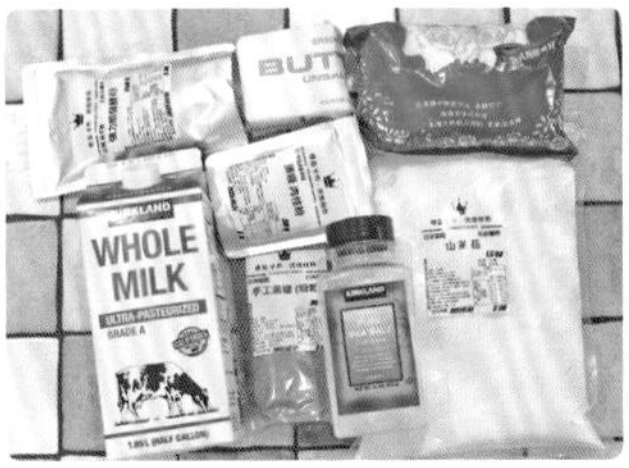

步驟 Step

黑糖肉桂餡料

1. 將無鹽奶油加熱至完全融化後立即關火。接著加入黑糖粉和肉桂粉，重複攪拌至融化。

⇒

⇒
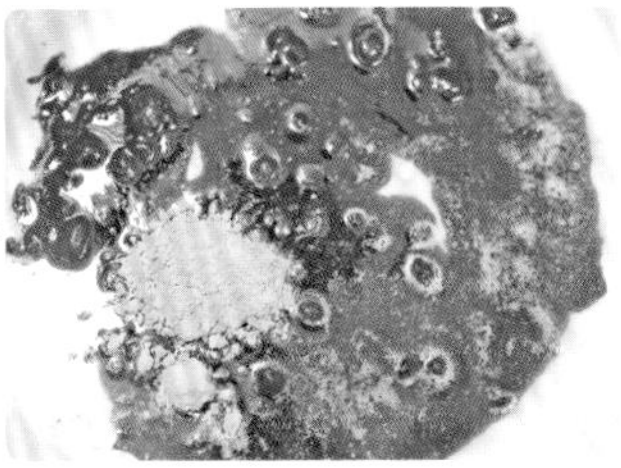

麵糰

❷ 將高筋麵粉、細砂糖、鹽、即溶速發酵母、冰牛奶混合攪拌均勻，加入無鹽奶油後繼續揉麵糰，揉到顆粒感完全消失，麵糰表面光滑且可以拉出薄膜。

❸ 把揉好的麵糰收圓後，收口那面朝下，並移至有抹油的調理盆裡。在麵糰表面噴水後，再蓋上一層保鮮膜，送入烤箱轉發酵模式 37 度發酵 40 分鐘；如果是夏天，可直接進行室內發酵約 60 分鐘。

❹ 從盆中移出發酵好的麵糰後，可用手拍壓出大氣泡，或者使用擀麵棒把空氣排出。接著把麵糰擀平成大的長方形，將黑糖肉桂的餡料置中均勻地塗滿上去，再把麵糰從外往內捲起來，用棉線切割約寬度 3 ～ 5 公分的小麵糰。

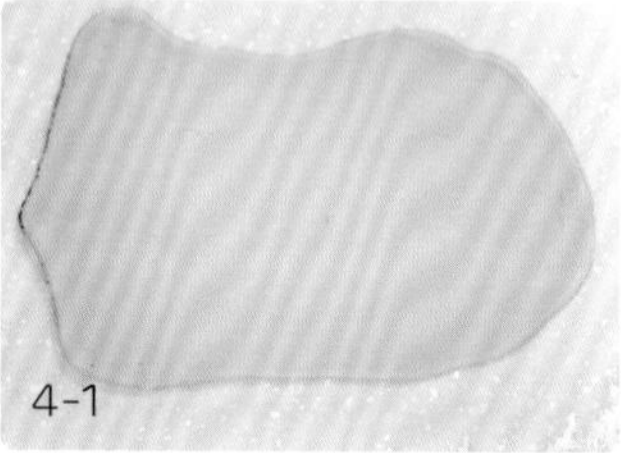
4-1

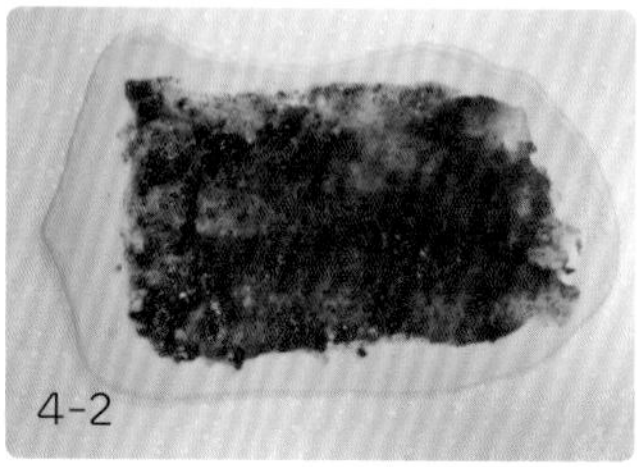
4-2

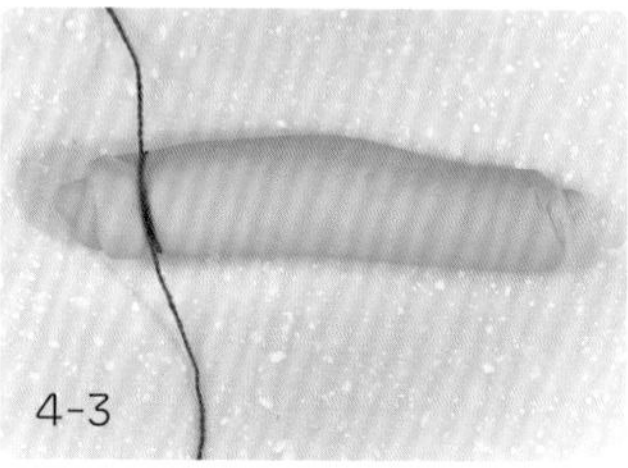
4-3

發酵及烘烤

❺ 在烤箱裡擺一杯熱水，放入小麵糰並轉發酵模式 37 度，進行第二次發酵 40 分鐘。這時候麵糰會再長大 1.5 倍左右，同樣在表面噴水。

❻ 把發酵好的麵糰放入烤箱，以上火 230 度、下火 190 度烘烤 16 分鐘，烤至中間一半時，可以把烤盤轉 180 度，讓每個麵糰都受熱均勻。

⇒
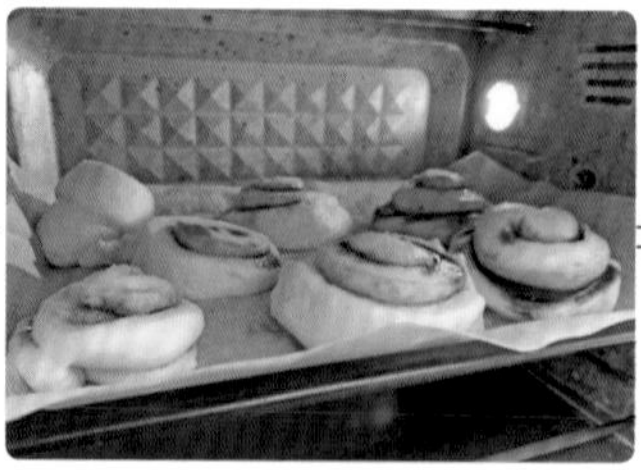
⇒
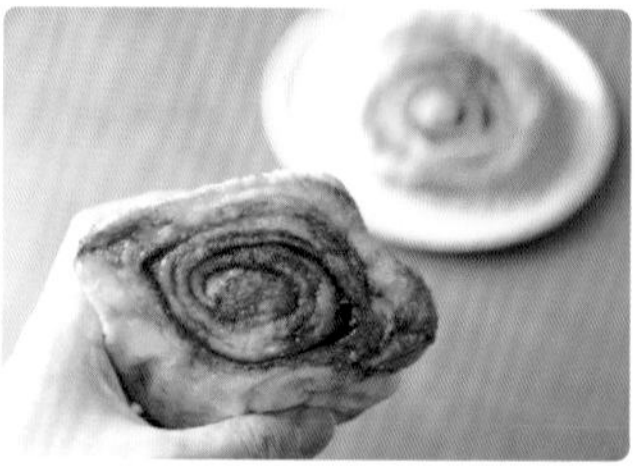

Tips

肉桂粉是種很強烈的香料，只需要一點點就能達到提味的效果，切忌不要因為喜歡而撒太多。

04

與世界接軌的早晨

不能出國的日子裡，

只好在家裡，一邊吃早餐，一邊環遊世界！

鯛魚燒

想到日本就會想到鯛魚燒，

如果沒有時間製作鯛魚燒的麵糊，就來個偷吃步吧！

利用鬆餅粉也能輕鬆做出好吃又美味的鯛魚燒。

食材 Ingredients

- 鬆餅粉 100g
- 芋頭泥適量
- 紅豆泥適量
- 雞蛋 1 顆
- 牛奶 50ml

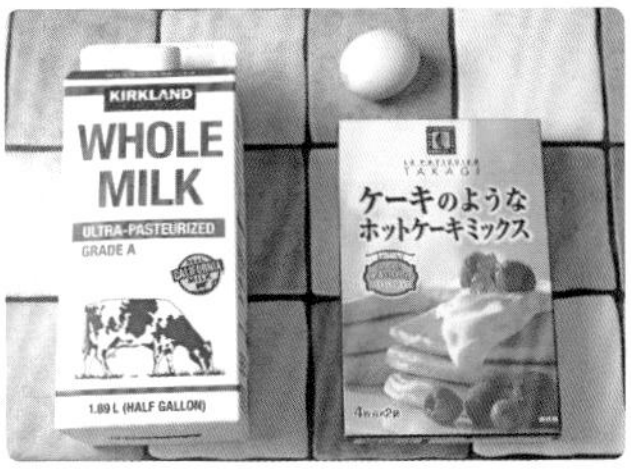

步驟 Step

1. 芋頭泥作法請參考 P39。
2. 紅豆泥作法請參考 P40。
3. 先把鬆餅粉、牛奶、雞蛋一起放入容器中攪拌均勻。
4. 將麵糊倒入鬆餅機中約 7 分滿，等鬆餅麵糊加熱至表面有出現微小氣泡時，再把芋頭泥，或者是紅豆泥加上去。
5. 可以在餡料上再補一點麵糊，接著把鬆餅機蓋起來，等到加熱指示燈熄滅，鯛魚燒就完成。

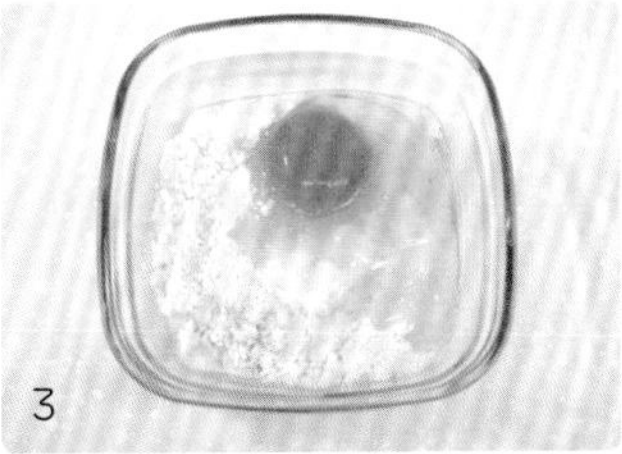
3

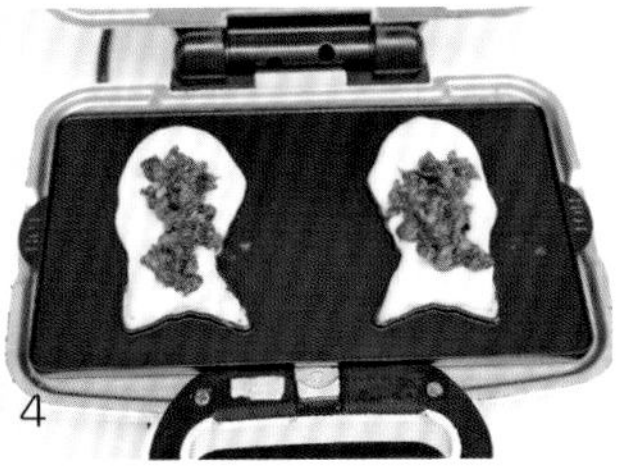
4

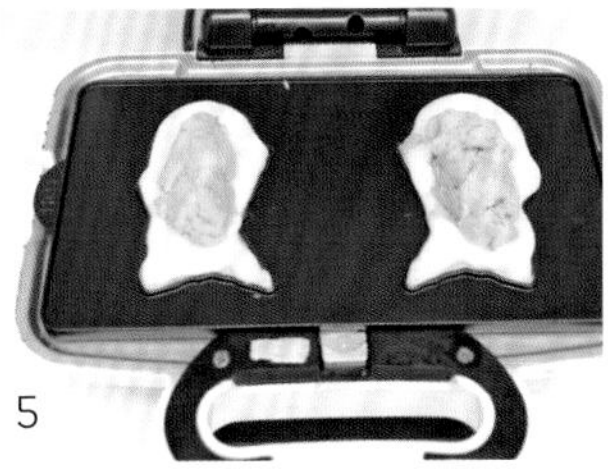
5

Tips

1 如果怕鬆餅沾黏到鬆餅機，可在倒入鬆餅糊之前，先在烤盤抹上薄薄的一層食用油。

2 因為鬆餅糊加熱後會膨脹，所以只要放入七分滿即可。

3 製作鯛魚燒時，可在鬆餅加熱到一半時，將機器上下翻轉，讓受熱更均勻。

玉米濃湯
P256
三種口味
一次滿足！

日式烤飯糰

把白飯放進三角飯糰的模具中，依照喜歡的口味添加食材，

在家也能輕鬆變出充滿日式風格的三角飯糰，

讓孩子大口大口地把早餐吃下肚。

食材 *Ingredients*

- 白飯適量
- 玉子燒 1 個
- 水煮蛋 1 顆
- 海苔 1 片
- 毛豆適量
- 日式醬油 1 小匙
- 味醂 1 小匙
- 香鬆粉（可依喜好使用）
- 鹽巴適量

步驟 *Step*

烤醬油飯糰

1. 把煮熟的白飯放入三角模型中，蓋上蓋子壓成飯糰後，再把飯糰放入不沾平底鍋用小火煎。在煎的同時，可以邊把醬汁（日式醬油 + 味醂）塗抹在飯糰上，一直煎到兩面呈現鍋巴焦黃色。

香鬆玉子燒飯糰

② 把煮熟的白飯拌入香鬆粉攪拌均勻後，先將一半的飯放入三角模型中，再加入玉子燒，以及鋪上剩下的飯，蓋上蓋子壓成三角飯糰。

⇒
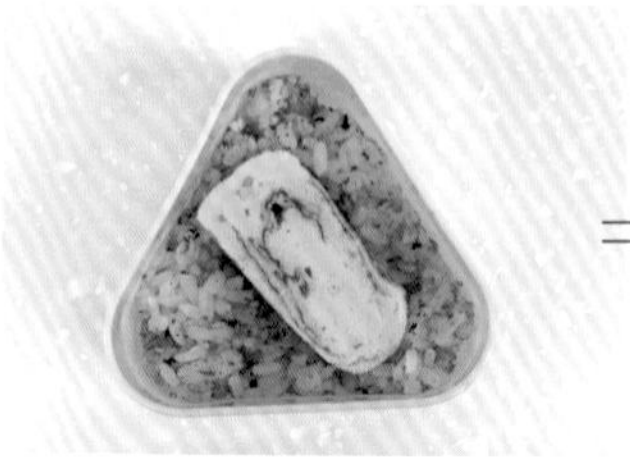
⇒

海苔飯糰

③ 把煮熟的白飯拌入毛豆和鹽巴攪拌均勻後，先將一半的飯放入三角模型中，再加入水煮蛋，以及鋪上剩下的飯，蓋上蓋子壓成三角飯糰，接著包上海苔就成三角海苔飯糰。

⇒

⇒

Tips

1 這道日式烤飯糰的作法非常簡單，可以趁著周末假日的早晨把材料準備好，讓孩子們自己動手做，更能增添小孩吃飯的意願。

2 玉子燒作法請參考 P22。

日式味噌鮭魚湯
P258

漢堡肉蛋堡

人氣台式漢堡
最對胃！

小時候在早餐店最喜歡點的就是漢堡肉蛋堡，
雙手把大大的漢堡拿起來，一口咬下，
那鮮嫩多汁的漢堡肉，搭配著番茄醬酸甜的滋味，
以及雞蛋香氣，嘴裡跟心裡只有滿滿的幸福。

食材 *Ingredients*

- 奶油餐包 2 個
- 雞蛋 2 顆
- 番茄醬適量
- 黑胡椒粒適量
- 起司片 1 片
- 漢堡肉
  - 豬五花肉片 300g
  - 無骨牛小排火鍋肉片 300g
  - 洋蔥 30g
  - 紅蘿蔔 20g
  - 豆腐 300g
  - 黑胡椒 1g
  - 鹽巴 2g
  - 米酒適量
  - 無鹽奶油適量

步驟 *Step*

1. 麵包作法請參考 P30 奶油餐包。
2. 先將豬五花肉片和無骨牛小排火鍋肉片剁碎混合後，加入豆腐、米酒、黑胡椒、鹽巴、切碎的洋蔥與紅蘿蔔後拌勻。
3. 將漢堡肉稍微摔打至黏性出來，並且可以輕易的捏成圓餅狀後，不需加油，直接放置平底鍋乾煎至肉汁流出，即可將漢堡排翻面並煎至熟透，最後加入無鹽奶油增加香味。
4. 把冷凍的奶油餐包噴水後，放入烤箱以 160 度烤 3 分鐘。
5. 將烤好的奶油餐包切開，夾入煎蛋、番茄醬、黑胡椒粒，以及漢堡肉及起司片。

2-1

2-2

3-1

3-2

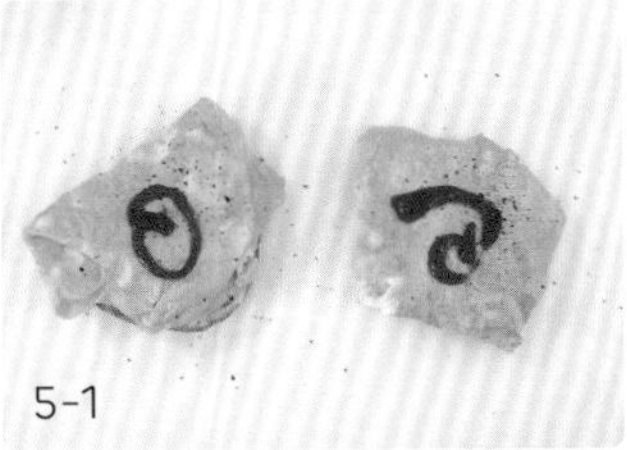
5-1

5-2

羅馬生乳包

好吃又美味的奶油乳酪醬，

只要把乳酪和砂糖攪拌均勻即完成，

非常適合塗抹在餐包、法國麵包，以及蘇打餅乾上直接享用。

食材 Ingredients

- 奶油餐包 1 個
- 防潮糖粉適量

- 奶油乳酪醬
  - Cream cheese 130g
  - 細砂糖 10g
  - 動物性鮮奶油 15ml
  - 牛奶 10ml

步驟 Step

1. 麵包作法請參考 P30 奶油餐包。
2. 將 Cream cheese 放入攪拌機打鬆至盆邊有點羽毛狀，接著加入鮮奶油、牛奶和細砂糖一起打到鬆鬆的，具有綿密口感，奶油乳酪醬就完成。
3. 將冷凍的奶油餐包噴水後，放入烤箱以 160 度烤 3 分鐘，接著把餐包切 ⅔ 處，並填入奶油乳酪醬，最後撒上防潮糖粉。

2-1

2-2

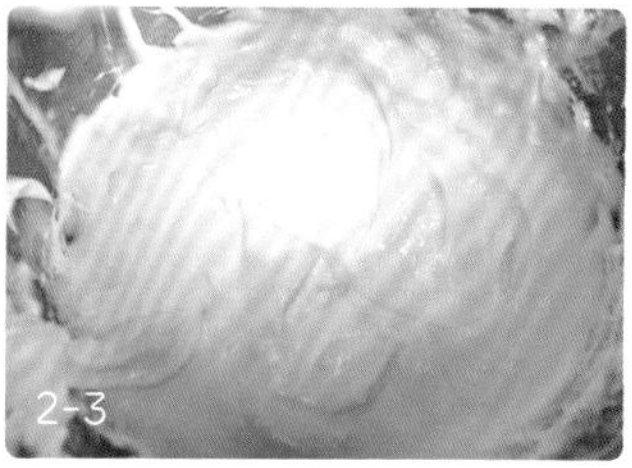
2-3

2-4

3

偶爾早餐也
來點異國風

迷迭香佛卡夏

迷迭香帶有特殊的香氣，適合用在肉類，或是麵包料理上。
只要一點點就能讓佛卡夏瀰漫著一股淡淡的香氣。
是款不用手揉糰，也不用等麵糰發酵的美味麵包。

食材 *Ingredients*

- 高筋麵粉 205g
- 細砂糖 6g
- 海鹽 4g
- 即溶速發酵母 3g
- 橄欖油（或酪梨油）7g
- 迷迭香一小撮
- 水 140ml

步驟 *Step*

1. 將迷迭香浸泡在橄欖油裡，放入冰箱冷藏一晚備用。

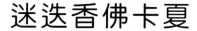

② 把高筋麵粉、細砂糖、海鹽、即溶速發酵母、水和步驟 1 的油攪拌均勻，密封並放入冰箱冷藏 24 小時，進行冷藏發酵。

③ 將冷藏發酵變兩倍大的麵糰取出，稍微摺疊排氣，放入已抹油的烤具裡，送入烤箱轉發酵模式 38 度 60 分鐘進行二次發酵。

2-1

2-2

3

④ 把發酵後的麵糰隨意用手指戳洞，並淋上適量的橄欖油（分量外），接著插入迷迭香。

⑤ 烤箱先預熱 200 度，烘烤前麵糰要噴水，並放入一杯水，以 200 度烤 20 分鐘，最後再以 230 度烤 5 分鐘，讓麵包表面上色。

4-1

4-2

4-3

5-1

5-2

Tips

因為每台烤箱的功率不太一樣，可以先烤 20 分鐘試看看麵包是否已經烤到表面金黃色，如果還沒有的話，利用最後的幾分鐘把烤箱溫度提高，就能烤出金黃色澤的麵包。

口口都有滿滿的蔥香味！

手作蔥油餅

青蔥有豐富的鈣、維生素C、膳食纖維等營養素，
適合和麵粉一起做成美味可口的蔥油餅。
除了蔥香、麵粉香，更帶有層層的口感，好好吃！

食材 Ingredients

- 三星蔥 70g
  （取部分切成蔥花）
- 高筋麵粉 180g
- 低筋麵粉 180g
- 鹽巴 1g
- 食用油 65ml
- 熱水 100ml
- 冷水 50ml
- 黑胡椒適量

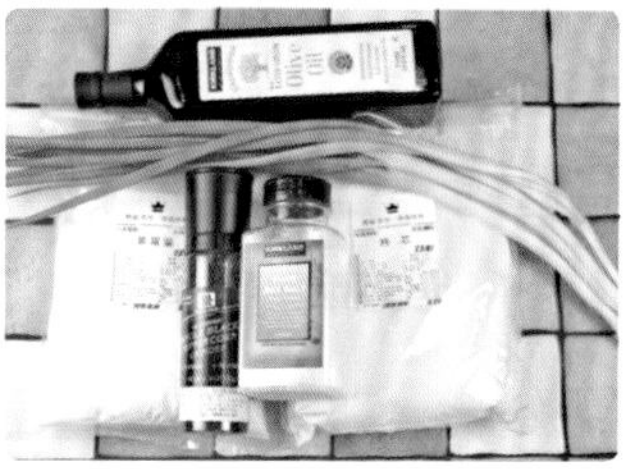

步驟 Step

麵糊

1. 將高、低筋麵粉各 150g 混合成中筋麵粉後，慢慢地加入熱水攪拌均勻，再加冷水、鹽巴和油 5g，把麵糰揉至表面光滑（不用揉至手套膜的程度），用保鮮膜包裹後放入冰箱冷藏 30 分鐘。

⇒
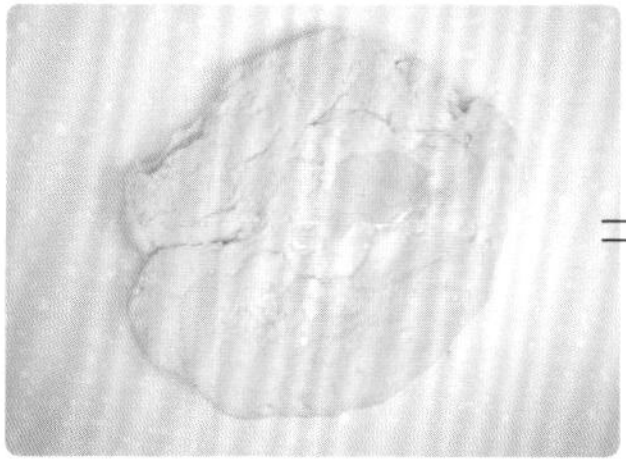
⇒
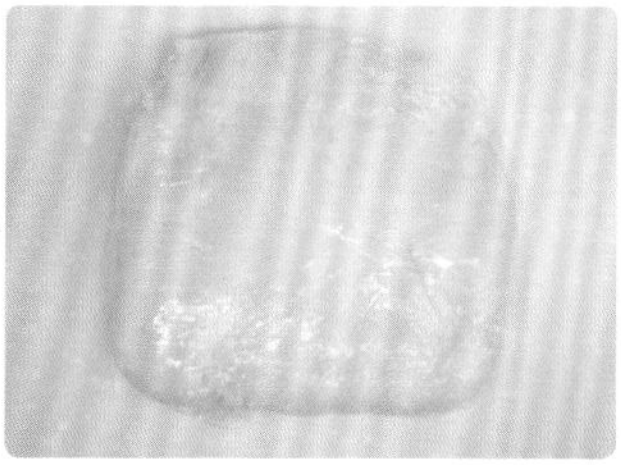

蔥油

② 將食用油 60g 與青蔥放入鍋中提煉蔥油，把過濾後的蔥油，拌入麵粉（高、低筋麵粉各 30g 混合成中筋麵粉）並攪拌均勻。

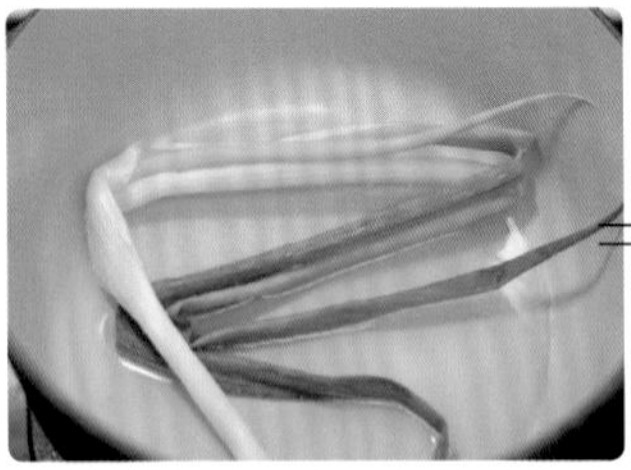
⇒

⇒
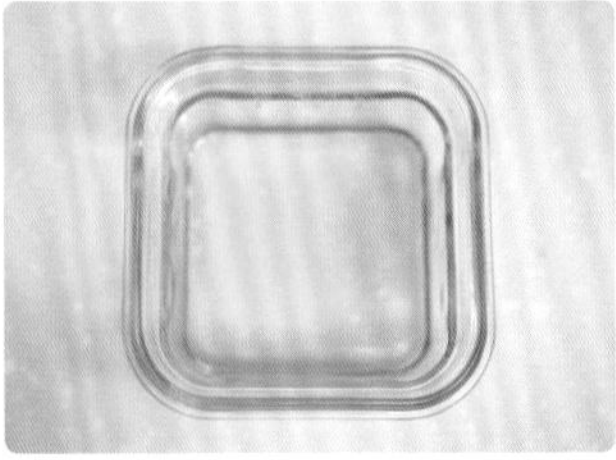

⇒

塑形

③ 把麵糰揉成長條後，分成 10 個小麵糰，用手將麵糰壓平，接著用擀麵棍擀成圓形，上面依序塗抹蔥油，並灑上蔥花後捲起。

⇒

⇒
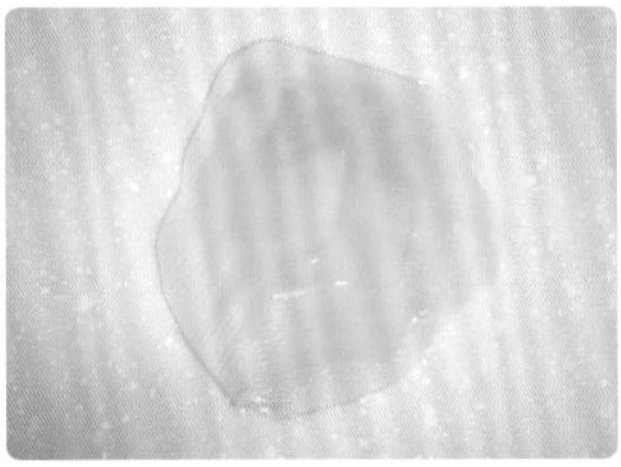

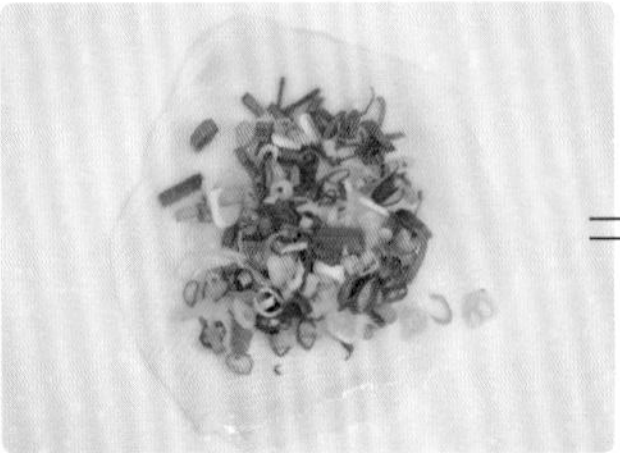
⇒
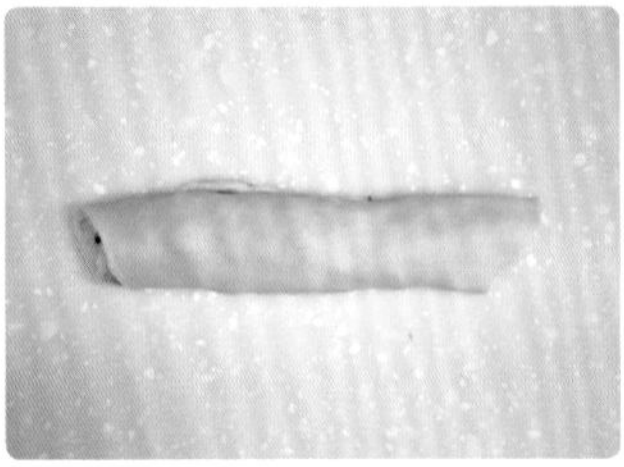

❹ 把長條蔥油餅由外往內捲成螺旋圓形。

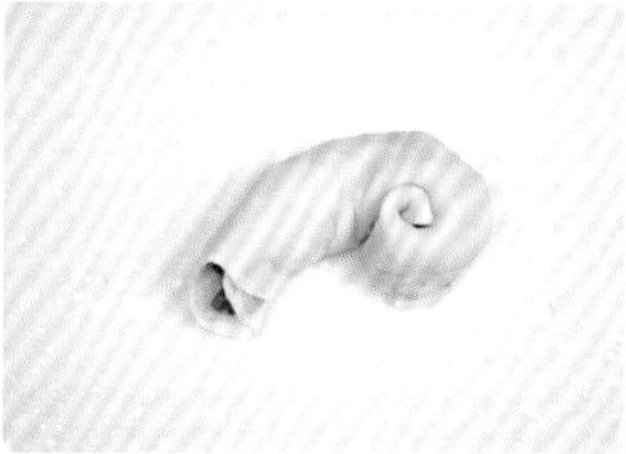

❺ 將捲好的蔥油餅再次壓平擀成大圓型，就可以直接放入平底鍋煎熟。

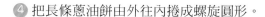

Tips

1 如果喜歡更加酥脆的口感，在煎蔥油餅時，可以放多一點油，用小火先酥炸，等差不多熟透時，轉大火把多餘的油逼出來。

2 蔥油餅一次可以多做一點，只要將擀平的蔥油餅利用烘焙紙一層一層依序疊上，並放入冰箱冷藏保存約 2 周。

3 高、低筋麵粉可直接用中筋麵粉取代。食譜裡高筋 + 低筋混合的麵粉，可換成 360g 的中筋麵粉。

手揉披薩
Q彈中帶嚼勁！

生火腿乳酪披薩

只要有麵粉、酵母、橄欖油和水，先把披薩餅皮發酵好。
接著讓孩子們自己把披薩皮擀好，再搭配喜歡的食材，
就能在家完成簡單的親子手作披薩，不僅好吃更好玩！

食材 *Ingredients*

- 高筋麵粉 90g
- 全麥麵粉 90g（或低筋麵粉 90g）
- 即溶速發酵母 3g
- 橄欖油 22ml
- 水 90ml
- 鹽 3g
- 生火腿、番茄醬、乳酪絲、芝麻葉適量

步驟 *Step*

1. 把高筋麵粉、全麥麵粉、鹽、即溶速發酵母攪拌均勻稍微成糰後，加入橄欖油開始搓揉，揉到顆粒感完全消失，麵糰表面呈現光滑。

⇒

⇒

2. 麵糰收圓移至抹了油的調理盆，在麵糰上噴水後，蓋上一層保鮮膜，在夏天就直接室溫發酵 90 分鐘。

③ 將發酵成功的麵糰（會是原來麵糰的 2 倍大），從盆中移出，並用手拍壓出大氣泡後，把麵糰分成兩等分，接著用擀麵棍擀成圓餅狀的披薩。

④ 在餅皮上塗上番茄醬，接著鋪上一層乳酪絲，放入自己喜歡的食材，最上層再撒上乳酪絲，就可以送進氣炸烤箱以 230 度烘烤 8 ～ 10 分鐘，等到表面的乳酪絲呈現金黃色。

⑤ 最後，可在烤好的披薩上放入生火腿和芝麻葉。

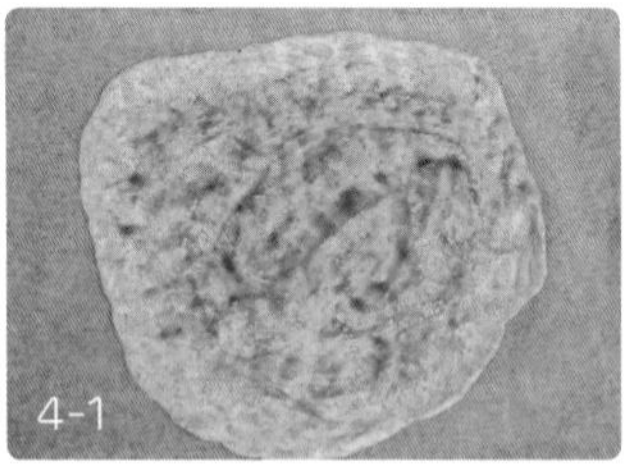
4-1

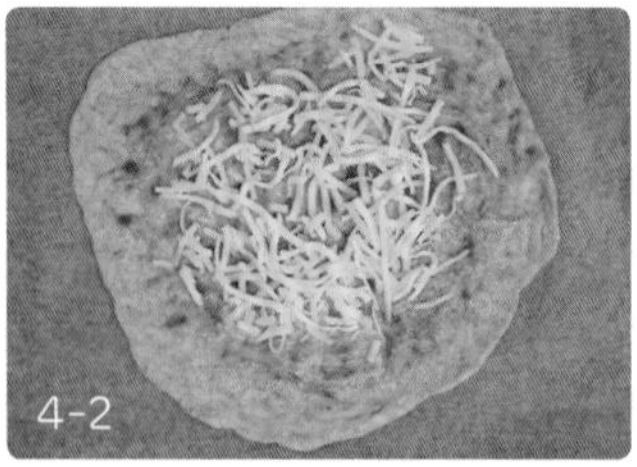
4-2

4-3

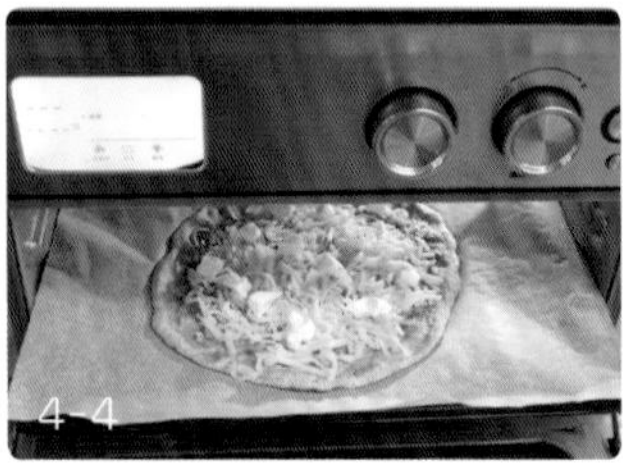
4-4

5

05

早餐就是要吃飯

早餐要吃飽飽！

才有力氣好好工作！

麻油菇菇雞肉飯

麻油的香氣搭配上帶有獨特香氣的波特貝勒菇，

兩者的結合，讓一碗普通的香菇炊飯，味道立刻豐富了起來。

食材 *Ingredients*

- 糯米 2 量米杯
- 去骨雞腿排 430g
- 波特貝勒菇 75g
- 老薑 3g
- 麻油 2ml
- 米酒 5ml
- 水 1.6 量米杯
- 鹽巴 1.5g

步驟 *Step*

1. 先將糯米洗乾淨後，糯米、水放入電子鍋內，選雜穀米模式；也可以改成大同電鍋，外鍋放 1 杯量米杯的水，蒸熟。
2. 雞肉用流動水稍微沖過，用餐巾紙把表面水分擦乾，雞皮面朝下放入平底鍋乾煎至呈現金黃色，再翻面煎至雞肉表面無血色，撈起切塊備用。接著，放入薑片，這道料理不需要加油，可直接用雞肉本身的油脂來炒。薑片炒至呈現乾扁狀後，再放回切塊的雞肉，以及切絲的波特貝勒菇，並倒入米酒。
3. 將雞肉均勻翻炒出至香味飄出，放入已煮熟的糯米飯。最後，等雞肉與糯米都炒至熟透時，撒入鹽巴和麻油。

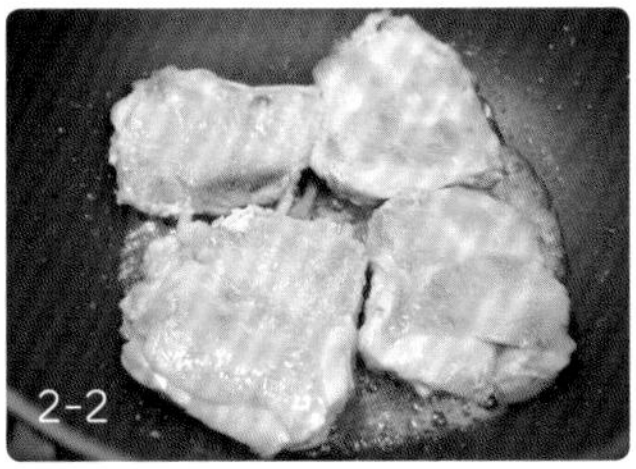

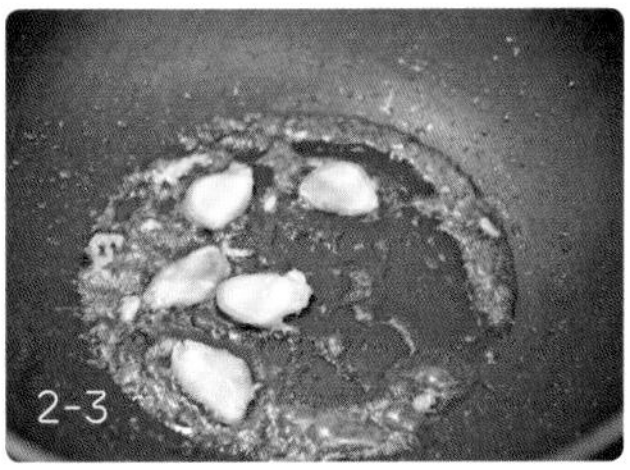

Tips

可把波特貝勒菇換成乾香菇 3 朵，但在料理乾香菇前需要浸泡在飲用水 60g 裡，讓乾香菇泡開再料理，香菇水可以加入糯米一起在電鍋燉煮，會很好吃。

半熟的蛋黄，
配上鹹甜牛丼飯，
超對味！

太陽蛋佐日式牛丼

營養抗氧化的洋蔥，加上豐富蛋白質的牛肉，
只需要簡單幾個步驟，濃郁醬汁，搭配剛煮好的白飯，
絕對可以讓小孩乖乖坐在餐桌上好好吃飯。

食材 Ingredients

- 無骨牛小排火鍋肉片 350g
- 洋蔥 190g
- 雞蛋 1 顆
- 日式醬油 75ml
- 味醂 15ml
- 米酒 30ml
- 食用油適量

步驟 Step

1. 洋蔥切絲後，放入加了油的鍋中拌炒至有香味，接著加入牛肉片拌炒至八分熟。
2. 依序加入日式醬油、味醂、米酒，等牛肉片吸收醬汁後，即可關火。
3. 盛一碗白飯，放上牛丼、太陽蛋，美味上桌。

1-1

1-2

3

Tips

太陽蛋作法請參考 P23。

蔥花親子丼

鱸魚湯
P257
滑嫩雞肉＋香嫩雞蛋，
配上鹹甜醬汁，
小孩超愛！

只要準備好雞蛋、洋蔥，再配上完美比例的醬汁，
就能在家輕鬆烹煮出富含蛋白質，兼具美觀與營養的親子丼。

食材 *Ingredients*

- 洋蔥 130g
- 去骨雞腿排 560g
- 雞蛋 3 顆
- 日式醬油 100ml
- 味醂 20ml
- 米酒 50ml
- 蔥花 20g

步驟 *Step*

1. 先把雞腿排的雞皮朝下煎至上色後，翻面繼續煎至雞油都逼出來。
2. 將洋蔥切絲後，放入鍋中煎至軟化。依序加入日式醬油、味醂、米酒，讓醬汁連同雞肉、洋蔥一起燉煮至熟透。
3. 將兩顆雞蛋打散成蛋液淋在雞肉上面，使其稍微固定，並蓋上鍋蓋煮 3 分鐘。
4. 把一顆完整的雞蛋打入鍋中，蓋上鍋蓋關火靜置 15 秒，食用前撒上蔥花。

蔥香蝦仁飯

滑溜滑溜的
柔順口感

鹹甜鹹甜帶有滿滿蔥香的醬汁，
搭配上蝦仁的鮮，以及水波蛋的滑嫩，
你說，這碗飯能不好吃嗎？快點一起來動手做吧！

食材 *Ingredients*

- 白飯適量
- 去殼蝦仁 195g
- 日式醬油 50ml
- 雞蛋 1 顆
- 青蔥 40g
- 味醂 25ml
- 米酒 15ml
- 蒜末 5g
- 橄欖油 2.5ml

步驟 *Step*

1. 把蔥切成蔥段，連同橄欖油一起放入不沾鍋內，炒至蔥的香氣出來後，放入蝦仁和米酒，煮至約七分熟，把日式醬油和味醂倒入鍋內稍微燉煮。
2. 等到蝦仁煮熟後，放入蒜末燉煮 30 秒，再把蝦仁和蔥段撈起放置一旁備用。
3. 將煮熟的白飯放入湯汁中，煮至米飯吸滿湯汁，最後把蝦仁和水波蛋放在飯上。

Tips

1. 為了避免蝦仁煮到過熟而吃起來乾乾的、不甜，建議在烹煮蝦仁時，只要等到蝦身捲起來呈現完美的「C」便可以起鍋。
2. 水波蛋作法請參考 P22。

BBQ牛小排飯

發薪日的早晨，就來點奢華風的早餐吧！

好好犒賞自己一下，吃飽飽才更有動力繼續 fighting ！

食材 *Ingredients*

- 白飯 1 碗
- 無骨牛小排燒烤片 600g
- 雞蛋 1 顆
- BBQ 燒烤醬 30ml
- 蒜頭 50g

步驟 *Step*

1. 把蒜頭切成約 0.1 公分的薄片，放入鹽水浸泡 3 分鐘。用餐巾紙將蒜片擦乾後，放入倒了油的平底鍋中，利用小火煎至呈現金黃色。
2. 將無骨牛小排燒烤片放入平底鍋，乾煎至牛肉表面出水，則可以翻面續煎至呈現略帶有金黃焦香色。最後，倒入燒烤醬，等待醬料上色後就可關火。
3. 依序將無骨牛小排燒烤片、蒜片，以及水波蛋鋪滿在白飯上。

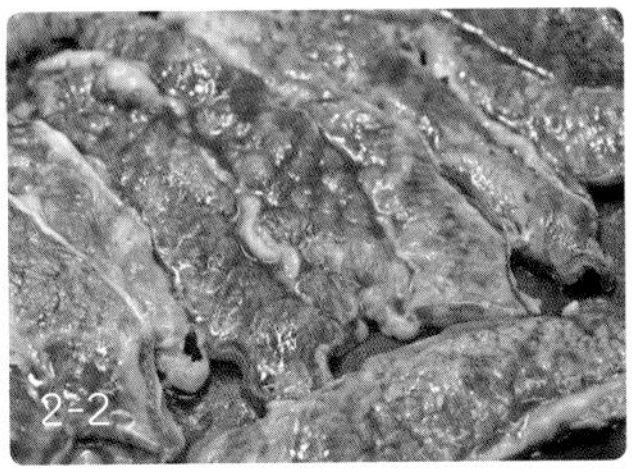

Tips

1 因為燒烤醬較為黏稠且口味較重，所以如果直接把肉先醃製醬料再煎，容易導致沾鍋，只需要在牛小排煎到快熟時，抹上燒烤醬就可以起鍋。

2 水波蛋作法請參考 P22。

雙蛋牛肉粥

經典的台式
必學美味

沒有胃口的早晨，讓一碗熱呼呼的粥來暖開機吧！
瞬間活力充沛，迎接美好一天的到來！

食材 Ingredients

- 白飯適量
- 無骨牛小排火鍋肉片 300g
- 雞蛋 1 顆
- 皮蛋 1 顆
- 蒜末 10g
- 醬油 30ml
- 米酒 5ml
- 蔥花 10g
- 昆布 2g
- 香油 1.5ml
- 白胡椒粉適量
- 油條適量

步驟 Step

1. 取一調理盆，放入蒜末、醬油、米酒、胡椒粉、香油、一點點蛋白，以及牛肉片，抓醃約 15 分鐘。
2. 把昆布放入滾水中煮約 20 分鐘，待湯底顏色略呈現淡淡褐色的昆布高湯。取出昆布，並把已煮熟的白飯放入湯中，用小火持續煮沸約 15 分鐘，煮至自己喜歡的米粒軟度，就將步驟 1 食材加入粥中持續攪拌滾煮。
3. 等到粥的湯汁略為收乾時，如果味道太淡，可以加點鹽巴調整鹹度。最後，放入皮蛋、雞蛋、油條，以及蔥花。

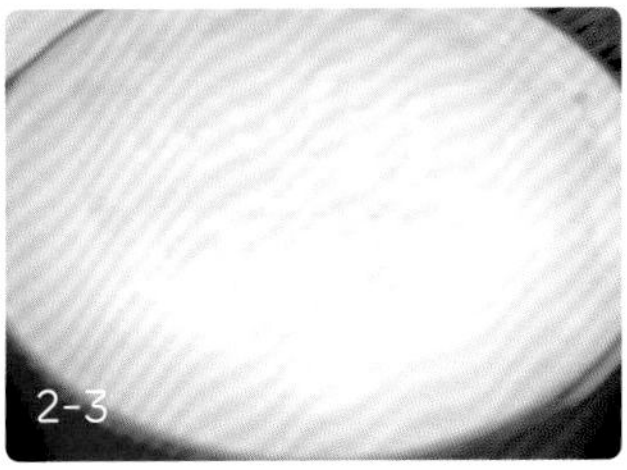

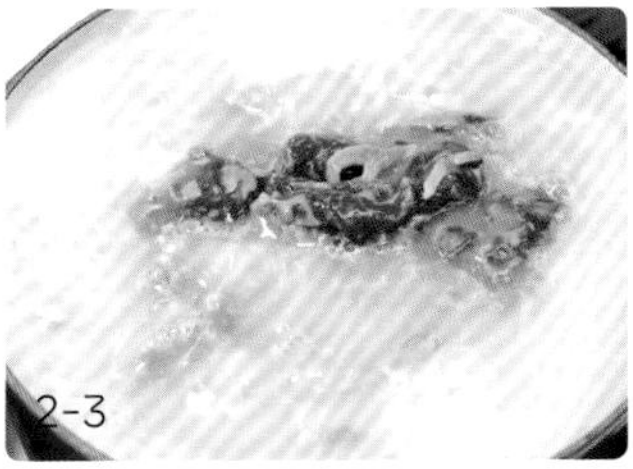

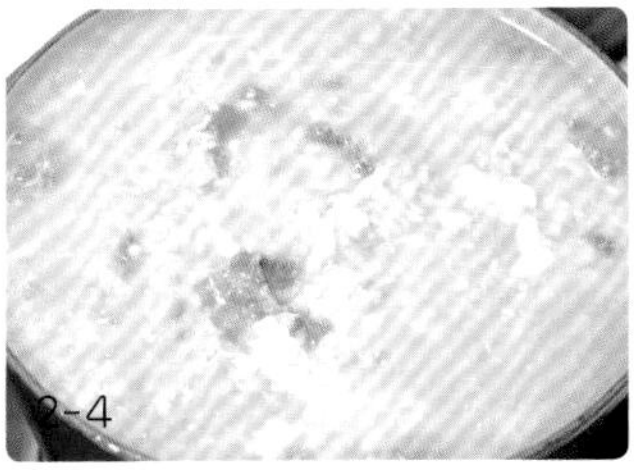

Tips

剛煮好的粥湯汁會很多，建議在吃之前多等個 10 分鐘，等米飯和湯收乾些，粥吃起來也會更加綿密。

Mr
&
Mrs
鹹香烏魚子，
香氣四溢

蒜苗佐烏魚子炒飯

利用隔夜飯、烏魚子和蒜苗，簡單的搭配蒜頭拌炒一下，
撲鼻而來，充滿鹹香、蒜香、蛋香的炒飯就完成了，
炒飯吃起來是粒粒分明、非常清爽，大家一定要試看看！

食材 *Ingredients*

- 白飯 2 碗
- 烏魚子 50g
- 雞蛋 2 顆
- 蒜苗 35g（蒜白、蒜綠分開）
- 蒜末 12g
- 米酒 3ml
- 食用油 2ml
- 鹽巴 1g
- 白胡椒粉適量

步驟 *Step*

① 先把烏魚子放入不沾鍋內煎至乾乾的，接著壓碎，油脂香氣逼出後撈出備用。

⇨

❷ 將一顆蛋的蛋白和蛋黃分開，蛋黃直接與白飯攪拌均勻後備用。

❸ 在炒鍋中放入食用油、蒜末，以及蒜苗白，炒至香氣飄出。接著，把另一個攪拌均勻的蛋液倒入拌炒，再放入米酒和加了蛋黃的白飯，炒至飯粒分明，最後撒上白胡椒粉、鹽巴和蒜苗綠。

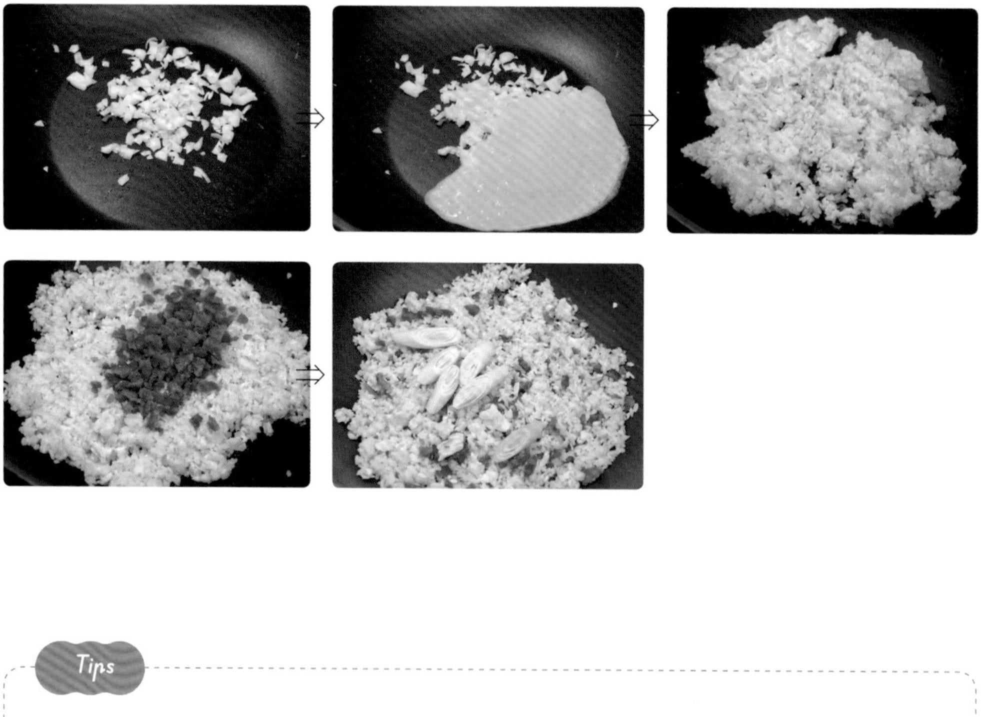

Tips

由於烏魚子本身已有鹹度，鹽巴需要斟酌使用。

06

早餐就是要吃麵

冷冷的早晨，

不妨來點熱呼呼的麵食吧！

龍蝦義大利麵

玉米濃湯
P256

麵條吸附著用白酒跟龍蝦頭提煉出來的龍蝦高湯，

搭配上 Q 彈多汁的龍蝦，超級完美！

食材 *Ingredients*

- 龍蝦 700g
- 義大利麵 125g
- 蒜頭 15g
- 白酒 180ml
- 九層塔、黑胡椒粒、橄欖油、鹽巴適量

步驟 *Step*

1. 將冷凍的龍蝦用流動水沖至解凍，把龍蝦頭和身體分解，並且取出龍蝦尾的肉。接著在鍋中放入龍蝦頭與龍蝦殼，加上白酒和一點水，煮至龍蝦全熟，變成濃郁的龍蝦高湯。
2. 把義大利麵放入加有鹽巴的滾水中，煮至七分熟後撈起備用。
3. 在平底鍋中放入橄欖油和蒜片，拌炒至蒜香出來後，加入步驟 2 的義大利麵，以及步驟 1 的龍蝦高湯，煮至自己喜歡的麵條口感，接著放入生龍蝦持續拌炒至熟透。最後，撒入鹽巴、現磨黑胡椒、九層塔。

1-1

1-2

2

3-1

3-2

3-3

Tips

龍蝦充分解凍完，只要用剪刀稍微地把龍蝦尾的殼剪掉，在分離龍蝦頭和龍蝦尾時，稍微扭轉一下，就能輕鬆地拉出整尾很完整的龍蝦肉。

日式炒烏龍

口感 QQ 的烏龍麵，吸附著滿滿美味的醬汁，甜甜鹹鹹的味道，忍不住好想大口大口吃下肚。Yummy！

食材 *Ingredients*

- 無骨牛小排火鍋肉片 165g
- 乾香菇 3 朵（泡飲用水 60g）
- 冷凍烏龍麵 3 包
- 高麗菜 140g
- 紅蘿蔔 25g
- 洋蔥 135g
- 日式醬油 100ml
- 味醂 30ml
- 米酒 30ml

步驟 *Step*

1. 先將乾香菇泡在飲用水中泡開，接著把洋蔥、香菇、紅蘿蔔切絲，放入鍋中拌炒至有香味，再加入牛肉炒約 7 分熟左右，依序倒入日式醬油、味醂、米酒，以及乾香菇水。

2. 待醬汁燉煮約 3 分鐘，放入冷凍烏龍麵，繼續煮至麵條吸附醬汁。最後，放入高麗菜拌炒熟透。

1-1

1-2

1-3

2-1

2-2

2-3

Tips

冷凍烏龍麵不需退冰，要煮之前只要稍微用流動水沖一下麵體，即可下鍋燉煮，這樣煮出來的麵條會很 Q 彈。

青醬松子義大利麵

九層塔獨特的香氣和松子非常的搭，如果吃膩了番茄口味的義大利麵，

不妨趁著周末把青醬做起來，放在冰箱冷藏備著。

早上只需要把麵煮熟，加入青醬拌一拌就可以吃，真的是超方便！

食材 *Ingredients*

- 義大利麵適量
- 九層塔 60g
- 松子 40g
- 蒜頭 15g
- 檸檬 1.5ml
- 橄欖油 100ml
- 帕瑪森起司粉適量
- 鹽巴 3g
- 黑胡椒適量

步驟 *Step*

1. 製作青醬時，先把九層塔的梗摘掉，只留下葉子部分，接著用水清洗乾淨後，用餐巾紙把葉子上的水分擦乾。
2. 把九層塔、松子、橄欖油、鹽巴、黑胡椒、蒜頭，放入攪拌機內攪打成泥。
3. 在青醬泥裡加入適量的帕瑪森起司粉和新鮮現擠檸檬，攪打均勻。
4. 先將義大利麵按照外包裝指示的時間煮透，接著把煮熟的義大利麵和自製青醬倒入平底鍋中稍微加熱攪拌均勻，食用前撒上新鮮松子。

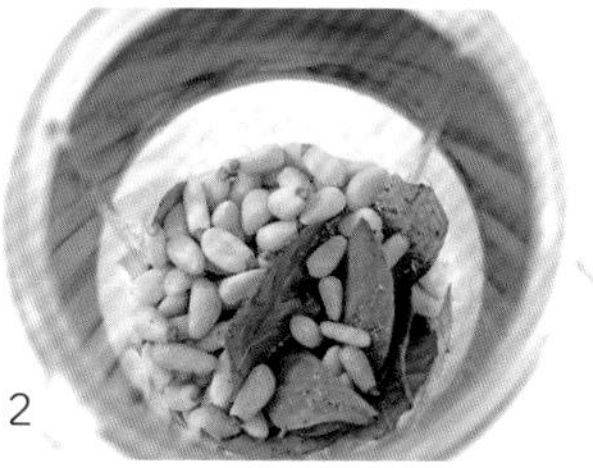
2

3-1

3-2

4-1

4-2

4-3

鮮蝦冬粉煲

吸附滿滿蝦味的冬粉，
就是一種無法抗拒的美味！

講到了經典的辦桌菜，
怎能不提這道美味的鮮蝦冬粉煲？
冬粉吸附濃郁的蝦汁，以及鮮嫩 Q 彈充滿蛋白質的鮮蝦，
讓人不禁立刻胃口大開，想要多吃幾口。

食材 Ingredients

- 蝦子 314g
- 寬冬粉 114g（3 把）
- 蒜末 16g
- 蔥花 35g
- 薑末 3g
- 米酒 10ml
- 蠔油 10ml
- 醬油 10ml
- 香油 5ml
- 食用油 3ml
- 水 462ml
- 白胡椒粉適量

步驟 Step

1. 將寬冬粉放入冷水中泡開，約需 10 ～ 15 分鐘左右。同時，把蝦子的蝦頭和蝦殼撥開後，將蝦身開背取出蝦腸備用。
2. 把蒜末、蔥花、薑末放入熱油中，等到香氣飄出後放入蝦仁，煮約七分熟，撈起備用。
3. 把蝦頭和殼，以及水一起放入鍋中煮沸，提煉出蝦高湯。
4. 將米酒、蠔油、醬油，以及寬冬粉放入蝦高湯中，煮至麵條吸附湯頭後，把七分熟的蝦子擺在冬粉上，並撒入些許香油、胡椒粉，蓋上鍋蓋悶煮約 2 分鐘，起鍋前放蔥綠。

2-1

2-1

3-1

3-2

4-1

4-2

日式湯烏龍

日式湯烏龍的清爽湯頭，非常適合在冷冷的早晨來上一碗，
一口下肚立刻讓人整個胃都暖起來，活力滿滿。

食材 *Ingredients*

- 柴魚高湯包 1 包
- 冷凍烏龍麵 2 份
- 蛋黃 1 顆
- 高麗菜 165g
- 紅蘿蔔 85g
- 昆布 4g
- 山藥 135g
- 日式醬油 10ml
- 味醂 5ml

步驟 *Step*

1. 在冷水中放入柴魚高湯包、昆布，熬煮約 20 分鐘後，放入切塊的紅蘿蔔，用小火持續燉煮約 10 分鐘。
2. 放入日式醬油、味醂、冷凍烏龍麵，煮至麵條約 9 分熟，加入高麗菜燉煮。
3. 接著，把山藥磨成泥後，鋪在煮好的烏龍麵上，在山藥泥中挖個洞，並打入一顆蛋黃。

1-1

1-2

2-1

2-2

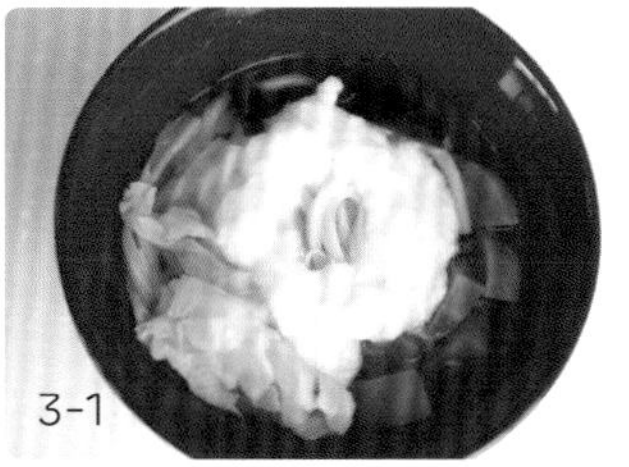
3-1

3-2

Tips

由於高湯包有一定的鹹度，所以日式醬油的分量可以依照個人喜好斟酌添加，主要是增添湯頭喝起來的層次。

蛤蜊絲瓜麵線

暖呼呼熱騰騰的
一碗麵線，
活力立刻加滿！

媽媽牌經典的蛤蜊絲瓜麵線，帶有絲瓜的甜和蛤蜊的鮮。

透過簡單的調味方式，讓剛睡醒的孩子立刻打開開關，趕走瞌睡蟲。

食材 *Ingredients*

- 蛤蜊 450g
- 絲瓜 590g
- 金針菇 216g
- 麵線 78g
- 清酒 100ml
- 奶油 10g
- 黑胡椒適量
- 水 110ml

步驟 *Step*

1. 把絲瓜削皮切塊、清酒、金針菇、蛤蜊，以及黑胡椒放入鍋中，蓋上鍋蓋煮滾後，加入一小塊奶油。
2. 接著，煮一鍋滾水，放入麵線煮至九分熟。
3. 最後，把麵線加入步驟 1 的蛤蜊絲瓜菇菇湯中，續煮至麵線吸取湯汁。

1-1

1-2

2

Tips

如何讓蛤蜊快速吐沙？把蛤蜊浸泡在鹽水中，可以在購買時請老闆給鹽水。也可以用 1 公升的水配 30 克的鹽巴，自製鹽水。

經典不敗的
茄汁口味
LE CREUSET

無水番茄牛腩義大利麵

美味的無水鑄鐵鍋料理，推薦給懶惰下廚的煮婦朋友，

簡單一鍋到底，把滿滿的營養藏在裡面。

食材 Ingredients

- 牛肋條 463g
- 義大利麵 380g
- 牛番茄 530g
- 洋蔥 270g
- 起司 43g
- 月桂葉 1 片
- 鹽巴 3g
- 黑胡椒適量

步驟 Step

1. 先將牛肋條切塊，和冷水一起放入鍋中，用小火煮至牛肋條塊表面無血水後撈起。
2. 將切塊的洋蔥、牛番茄、已過水的牛肋條塊，以及月桂葉放入鑄鐵鍋中，蓋上鍋蓋以小火燉煮約 20 分鐘。

1

2-1

2-2

③ 在此同時，煮一鍋水並加入一點鹽巴（分量外），等水滾後放入義大利麵，等麵條大約煮至 8 分熟後撈起。

④ 等牛番茄和洋蔥都已經燉煮到用湯勺稍微按壓都可以化掉時，放入 8 分熟的義大利麵繼續煮至麵體熟透，食用前撒上鹽巴、黑胡椒粒、起司。

Tips

1 這道義大利麵是屬於較濃郁醬料的口味，在麵條的選擇上，建議選可以吸附醬汁的筆管麵。

2 這道無水番茄牛腩義大利麵可以依照個人喜好，在燉煮時添加蘑菇、玉米筍等蔬菜，也會很好吃唷！

3 如果手邊沒有鑄鐵鍋，也可以使用保溫效果一樣很好的陶鍋、康寧鍋等蓄熱性佳的鍋具等。

07

甜食控的選擇

偶爾心情 Blue 的早晨，

就來點甜甜的吧！

沒有酒的提拉米蘇，
適合全家人一起享用！

伯爵茶提拉米蘇

這款伯爵茶提拉米蘇沒有咖啡和威士忌，是用伯爵茶做的，
雖然作法跟傳統的提拉米蘇一樣，但把主角換成了伯爵茶，
非常推薦給不喝酒也不喝咖啡的朋友。

食材 *Ingredients*

- 馬斯卡邦起司 500g
- 伯爵茶 2 包
- 手指餅乾 180g
- 伯爵紅茶粉適量（依個人喜好調整）
- 雞蛋 4 顆（蛋黃、蛋白分開）
- 細砂糖 50g
- 檸檬汁 1ml

* 可做 5 個玻璃杯分量

步驟 *Step*

1. 用攪拌器中低速打發蛋白到出現粗泡時加檸檬汁，打發蛋白過程中，把 50g 細砂糖分成兩次慢慢加入（每次 25g），要打到蛋白拉起來是尖角。

⇒
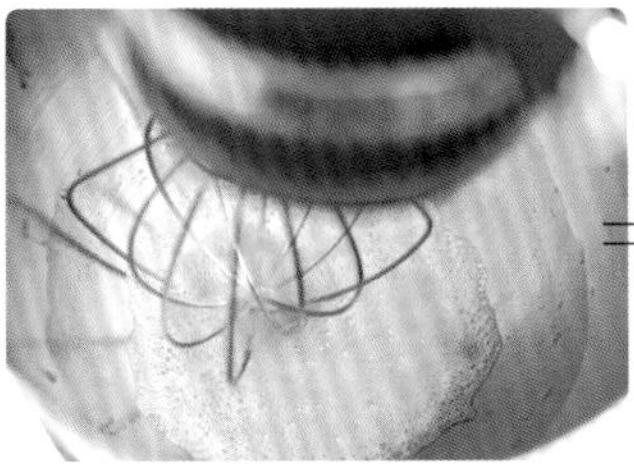
⇒
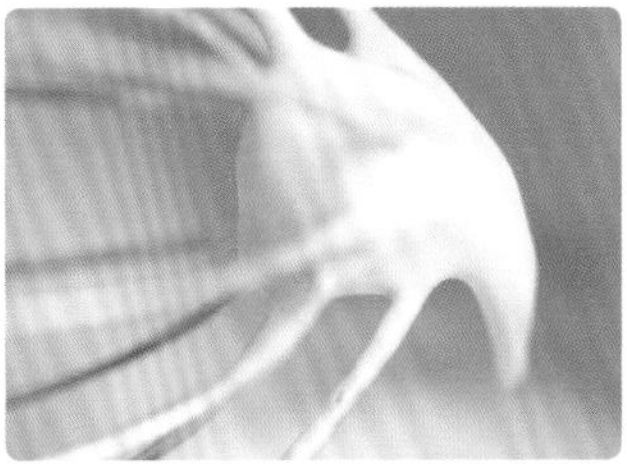

❷ 將伯爵茶包放入200ml的熱水中浸泡約5分鐘後拿出茶包，放涼備用。

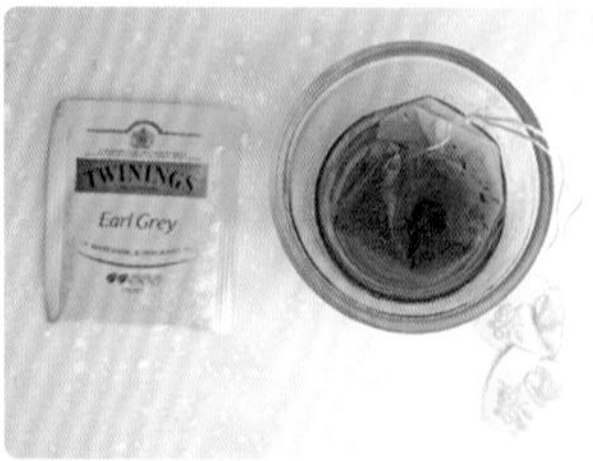

❸ 在另一調理盆內放入馬斯卡邦起司和伯爵紅茶粉後攪拌均勻，接著加入蛋黃，並持續攪勻（不需要打發）。

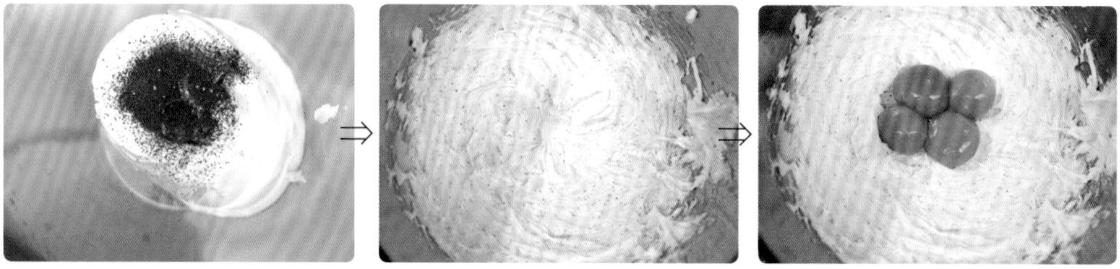

混合

❹ 將步驟1打發的蛋白，取1/3的量拌入馬斯卡邦起司糊，並輕輕地持續攪拌。接著倒入剩下的蛋白，用攪拌器拌至九分均勻，再換成刮刀用切的手法，輕輕地確認所有的配料都攪勻。

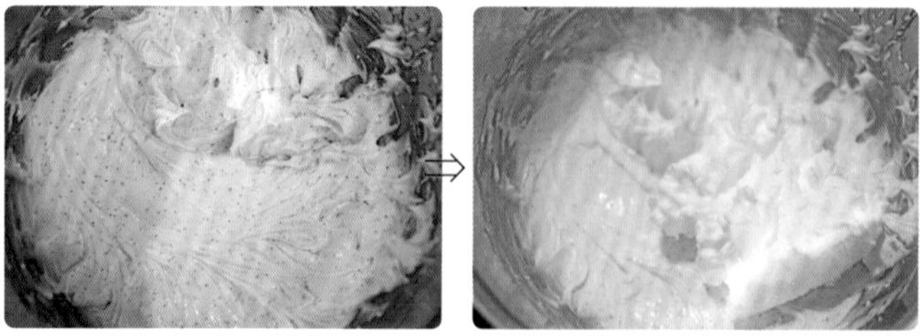

組裝

5 將手指餅乾沾附冷卻的伯爵茶後排第一層，第二層塗抹馬斯卡邦起司糊，可依個人喜好堆疊層數，完成的伯爵茶提拉米蘇需放入冰箱冷藏至少 6 ～ 8 小時，食用前可撒上伯爵紅茶粉。

Tips

1 手指餅乾的吸水效果很好，在沾附伯爵茶時，僅需雙面各沾 2 秒即可。

2 做好的提拉米蘇放冰箱冷凍可保存約 1 周，食用前僅需從冷凍取出，室溫退冰約 5 ～ 10 分鐘即可食用。

3 如果買不到手指餅乾，可以用一般的海綿蛋糕，或是孔雀餅乾取代，吃起來會有不同的風味。

淡淡的檸檬香氣
NEWS
Every newspaper
Integer aliquet, diam ac
pellentesque vehicula
No. 340 (October 10, 2012)
Lorem ipsum

檸檬瑪德蓮

經典的法式甜點，貝殼造型和肚臍是鮮明形象。
作法非常簡單，重點就是每個步驟都要攪拌均勻，
兼具海綿蛋糕的蓬鬆柔軟，以及餅乾酥脆的綜合。

食材 *Ingredients*

- 低筋麵粉 60g
- 雞蛋 2 顆
- 無鹽奶油 56g
- 新鮮檸檬皮半顆
- 細砂糖 45g
- 無鋁泡打粉 3g

步驟 *Step*

1. 將新鮮檸檬洗乾淨後，把檸檬皮刨到砂糖中，並用手指頭的溫度把砂糖和檸檬皮搓揉均勻。

⇒

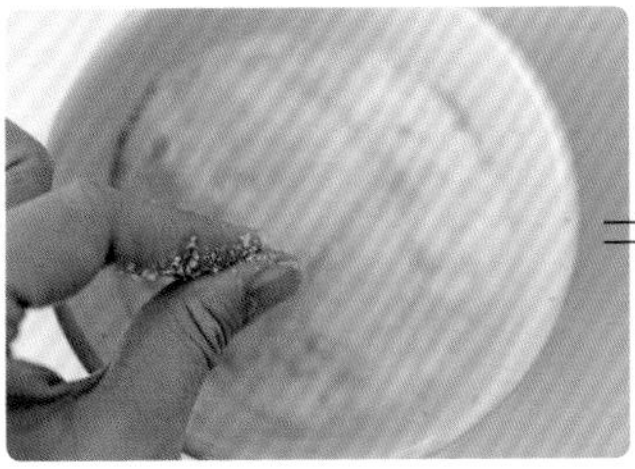

⇒

麵糰

❷ 取一調理盆，打入雞蛋，倒入檸檬砂糖，接著用攪拌機將蛋糊打至變白，且質地呈現蓬鬆的感覺（不需要打發）。

❸ 將過篩的低筋麵粉和無鋁泡打粉，一同加入蛋糊，並攪拌均勻。

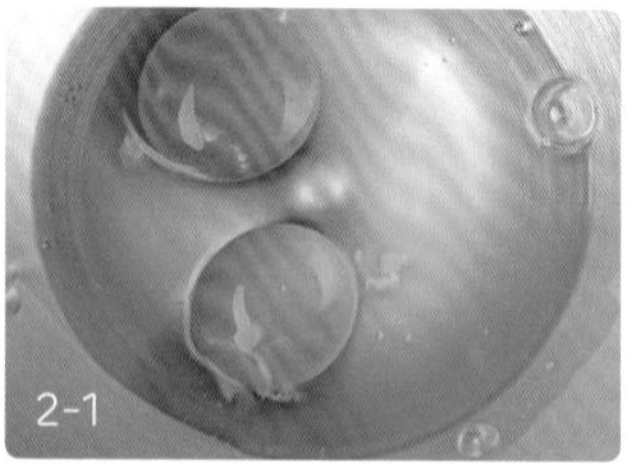
2-1

2-2

2-3

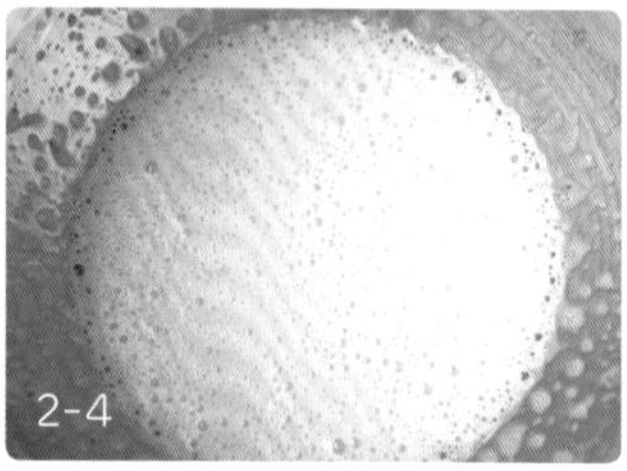
2-4

3-1

3-2

❹ 將無鹽奶油加熱融化後（約 60 度左右），直接倒入麵糊中攪拌均勻，將打好的瑪德蓮麵糊送進冰箱冷藏 1 小時。

❺ 在等待的同時，可以把瑪德蓮烤模依序塗上淡淡的一層無鹽奶油和麵粉（分量外），並將模具放置冰箱冷藏備用。

4

5

烘烤

❻ 在烘烤前，需先將烤箱預熱 230 度 5 分鐘，接著把瑪德蓮麵糊倒入已冰鎮後的烤模約 8 分滿，送入烤箱以 230 度烤 6 分鐘，再轉 150 度烤 10 分鐘。

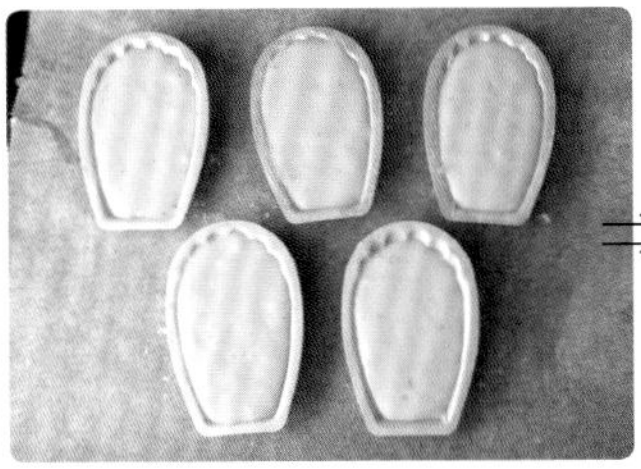

⇒

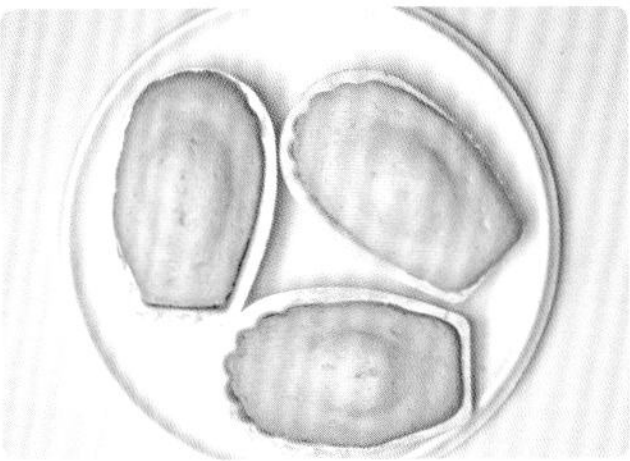

Tips

1 在製作蛋糕時，一定要將麵粉、泡打粉等粉類過篩，這樣做出來的蛋糕，吃起來才會更加細緻。

2 由於瑪德蓮在烘烤時，麵糊會膨脹，所以在裝入烤模時不能裝至全滿。

3 烤好的檸檬瑪德蓮放涼後，放入冰箱冷藏約可保存 2 天。

苦中帶有
淡淡的甜味

巧克力戚風蛋糕

巧克力戚風蛋糕吃起來帶有蓬鬆口感的彈性，
更有著撲鼻而來的巧克力香氣，簡單中的美味，
趕快跟著一起做吧！

食材 *Ingredients*

- 低筋麵粉 65g
- 檸檬汁 3ml
- 細砂糖 40g
- 牛奶 40ml
- 雞蛋 4 顆（蛋白、蛋黃分開）
- 食用油 40ml
- 巧克力粉 5g

步驟 *Step*

❶ 用攪拌器中低速打發蛋白，等蛋白出現粗泡時加檸檬汁，在打發蛋白過程中把 40g 細砂糖，分成三次慢慢加入，蛋白需要打到拉起來是尖角或小彎勾。

⇒
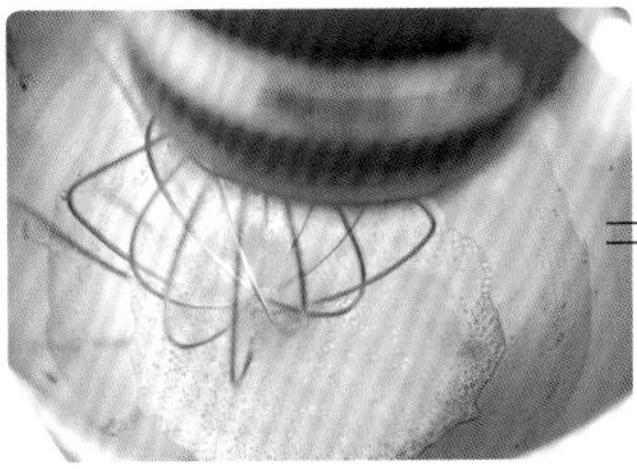
⇒
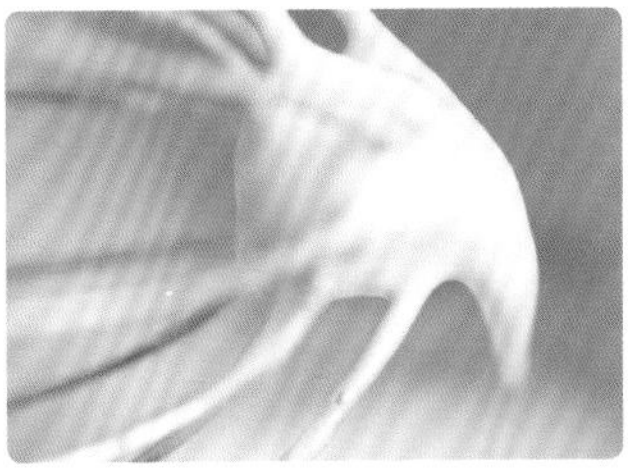

❷ 取另一調理盆，加入蛋黃、牛奶、食用油、巧克力粉，同樣用攪拌機中低速打發約 3 分鐘，再把低筋麵粉過篩加入蛋黃糊後拌勻。

❸ 把打發的蛋白取 1/3 量，先拌入蛋黃糊攪拌均勻，再把剩下的蛋白倒入，並用攪拌器拌至九分均勻後，換成刮刀用切的手法，輕輕地確認所有的蛋黃、蛋白都攪勻，此時烤箱可以同步預熱 150 度。

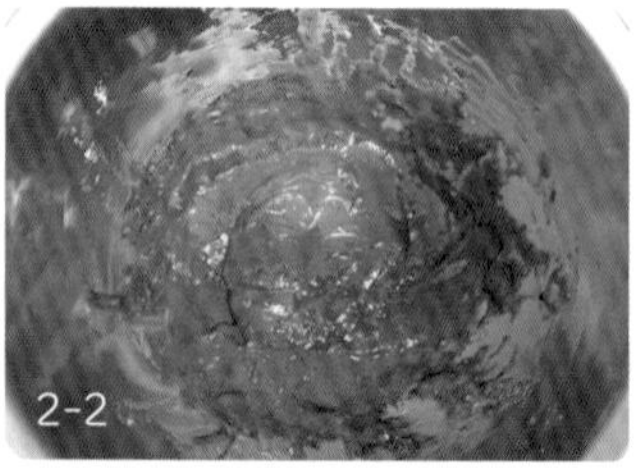

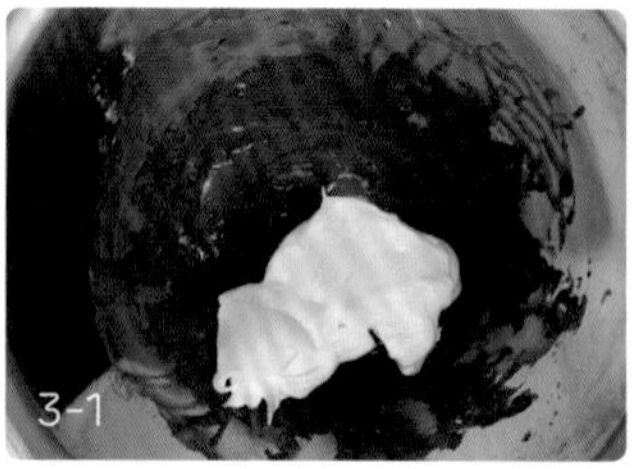

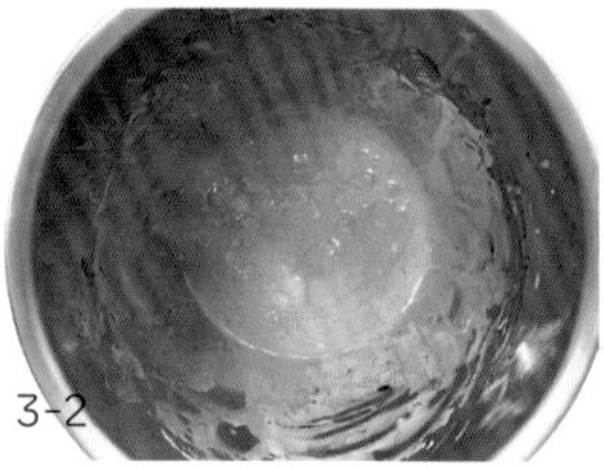

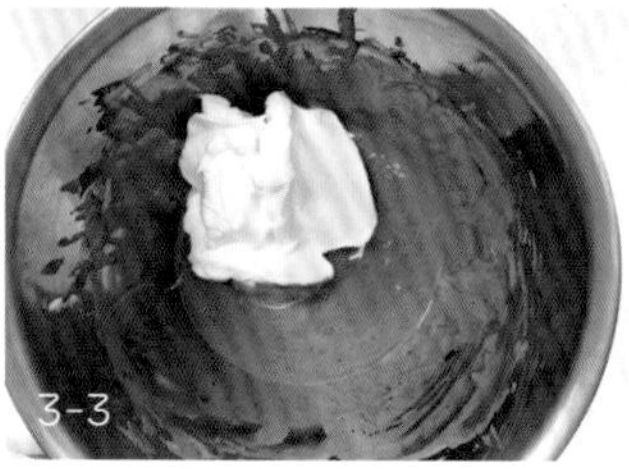

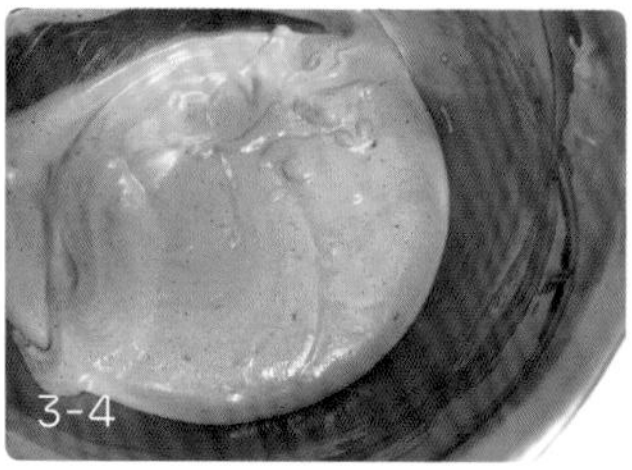

❹ 將麵糊從高往下倒入戚風蛋糕模後，將烤模往桌面一放，震出麵糊中的空氣。接著放入烤箱以 150 度烤 35 分鐘，再轉上火 170 度、下火 150 度烤 10 分鐘上色，最後取出倒扣至完全放涼才脫膜。

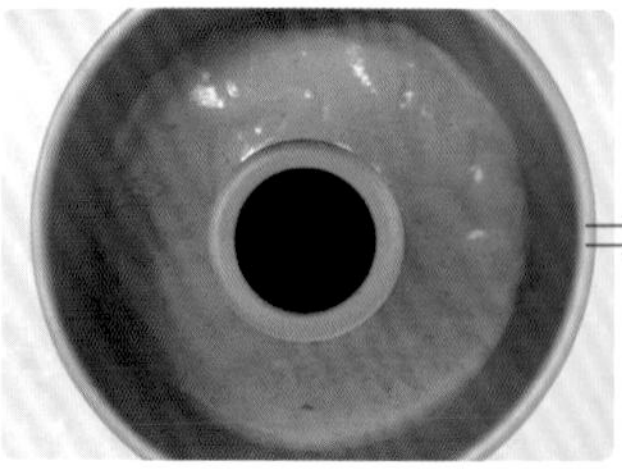
⇒

⇒

Tips

1 每台烤箱的功率都不太一樣，烘烤的時間請以蛋糕的狀態做判斷。

2 如果擔心蛋糕沒烤熟的話，可以用竹籤插到最底部，拉出來沒有沾到麵糊是乾淨就是熟的。一般來說，戚風蛋糕會膨脹到最高的狀態後，慢慢會下沉 2 ～ 4 公分才是烤熟的狀態。

傳說中天使的鈴鐺
STAUB

可麗露

外皮脆脆裡面 QQ 的可麗露，
帶有焦糖香氣，以及淡淡的酒香和香草香，
是一款很經典的法式甜點。

食材 Ingredients

- 低筋麵粉 50g
- 香草莢 1 根
- 蘭姆酒 5g
- 雞蛋 1 顆
- 蛋黃 1 顆
- 細砂糖 70g
- 無鹽奶油 25g
- 牛奶 250ml

* 可做 6 個分量

步驟 Step

❶ 取一小鍋，放入牛奶、無鹽奶油，和從香草莢中取出的香草籽，煮至無鹽奶油溶化即可。

 ⇒  ⇒ 

麵糰

❷ 先將全蛋、蛋黃和細砂糖混合攪拌均勻，倒入步驟 1 的牛奶液中，接著加入過篩後的麵粉攪勻。最後，放入蘭姆酒攪拌，放入冰箱冷藏 24 小時等待熟化。

烘烤

❸ 從冰箱將已熟化的可麗露麵糊退冰至常溫後，先把麵糊過篩，倒入已經抹過奶油的可麗露模型，約 7 分滿高度（68g 左右）。

❹ 烤箱先預熱 220 度，以 220 度烤 10 分鐘，再轉 180 度烤 45 分鐘。

Tips

可麗露是一款有點難度的甜點，稍微有個步驟錯誤，烤出來可能會出現白頭（上色不均）、中空（內部孔洞過大）、烤的過程爆衝等現象，需注意以下製作細節：

1 可麗露的麵糊要退冰至常溫，過篩後再進烤箱烘烤。

2 塗抹可麗露模具的奶油，是用融化後的奶油，薄薄一層即可。

3 烘烤可麗露的過程中，不需要把烤到一半的可麗露拿出來一個一個敲打，直接烤到底也可以成功。

4 傳統的可麗露在烘烤前，會在模具塗抹上蜂蠟和使用銅模，但這道食譜是用奶油和不沾模具做出來的，一樣外皮酥脆內餡濕潤唷！

雙皮燉奶

雙皮燉奶其實就是「蛋白燉牛奶」，

燉奶吃起來是很滑溜滑溜，滑嫩中帶有濃濃的牛奶香，

做好後可以放在冰箱，冰冰的吃也好吃。

食材 *Ingredients*

- 雞蛋的蛋白 2 顆
- 牛奶 310ml
- 細砂糖 10g

步驟 *Step*

1. 用小火燉煮牛奶，過程中需不停攪拌，以避免牛奶燒焦，等牛奶煮至表面有小泡泡即可關火。
2. 把步驟 1 的牛奶倒入有蛋白和砂糖的碗中，攪拌均勻並過篩數次。
3. 將步驟 2 的牛奶再度倒回碗內，最後放進電鍋，外鍋放半杯水，蒸至蛋白牛奶凝固放涼，放入冰箱冷藏一晚。

1

2-1

2-2

2-3

2-4

3

層層堆疊好夢幻，
充滿芒果奶油香

芒果千層蛋糕

一層一層堆砌而成的美味，

搭配當季盛產的芒果，完美結合出甜蜜的好滋味，

早起有時間的時候，不妨來試試！

食材 *Ingredients*

- 千層蛋糕皮
  - 低筋麵粉 160g
  - 雞蛋 4 顆
  - 芒果 2 顆
  - 細砂糖 35g
  - 牛奶 500ml
  - 鹽巴 1g
  - 無鹽奶油 15g
  - 香草莢 1/4 根（取出香草籽）
- 鮮奶油
  - 動物性鮮奶油 250ml
  - 細砂糖 10g

步驟 *Step*

麵糊

❶ 將雞蛋、細砂糖、牛奶、鹽巴、香草籽和融化的無鹽奶油混合攪拌均勻後，放入過篩的低筋麵粉拌勻，再把麵糊重複過篩 2 ～ 3 次，直至呈現滑順狀態。

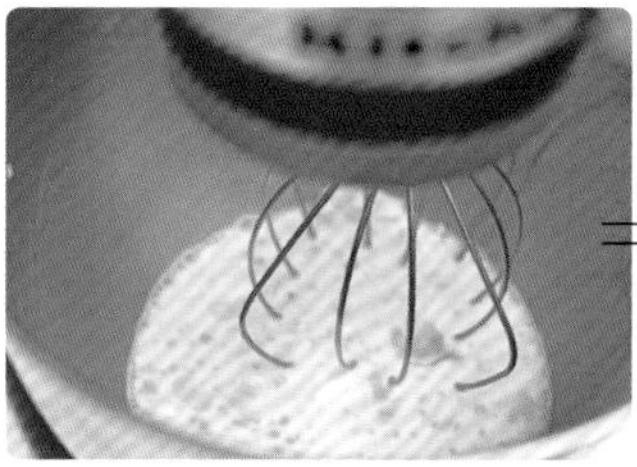 ⇒  ⇒ 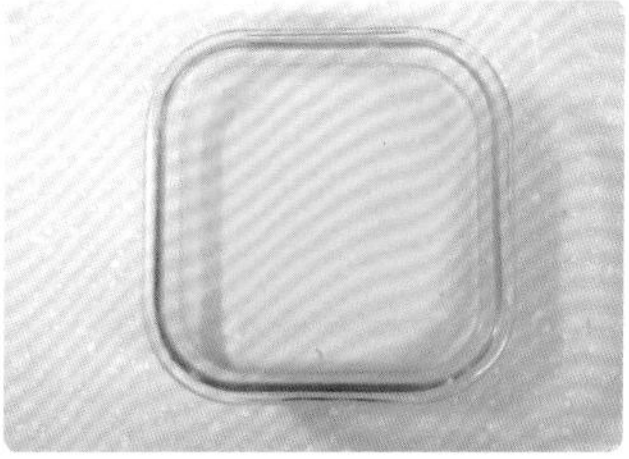

❷ 取部分麵糊倒入不沾鍋內，並盡量鋪平，正反面煎約 20 秒成薄薄的餅皮，依序重複相同動作煎餅皮，並放涼備用。

❸ 將鮮奶油和細砂糖放入冰過的容器裡，用攪拌器打發至鮮奶油拉起有尖勾。

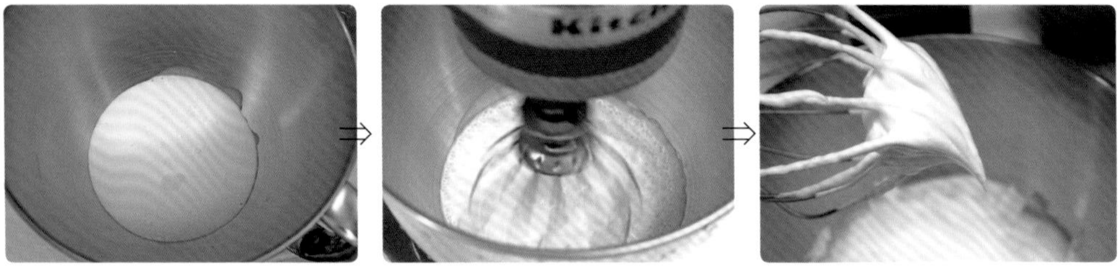

❹ 在餅皮上塗抹鮮奶油、放上芒果切塊，依序相同動作疊至想要的高度。

Tips

1 打發動物性鮮奶油時，建議要在冷氣房或者冰盆打發，打發時要避免打太久到油水分離。

2 在選購鮮奶油時，請使用動物性鮮奶油，因為主要成分就是奶油，所以口感不油膩，奶香味四溢，營養價值高。

3 芒果可以替換自己喜歡的水果種類。

芒果糯米飯

Q彈的糯米＋椰漿的香氣，超讚！

糯米吃起來黏黏的，但帶有一點嚼勁，

搭配當季新鮮的芒果，以及一點淡淡的椰漿香，

瞬間讓人有種置身於泰國的氛圍。

食材 *Ingredients*

- 糯米 2 量米杯
- 細砂糖 30g
- 椰奶 120ml
- 水 1.6 量米杯
- 綠豆仁適量
- 切塊芒果適量

步驟 *Step*

1. 將糯米洗乾淨後，直接把糯米、水放入電子鍋內，選雜穀米模式；也可以改成大同電鍋，外鍋放 1 量米杯的水蒸熟。
2. 把椰奶和細砂糖倒入煮熟的糯米內拌勻，蓋上鍋蓋悶 20 分鐘；同時，可把裝飾用的綠豆仁抹油後，放入氣炸烤箱內以 230 度烤 4 分鐘，烤至金黃色。
3. 在冷卻後的糯米上，倒入適量的椰漿和撒些綠豆仁裝飾，最後擺上切塊芒果。

1-1

1-2

2-1

2-2

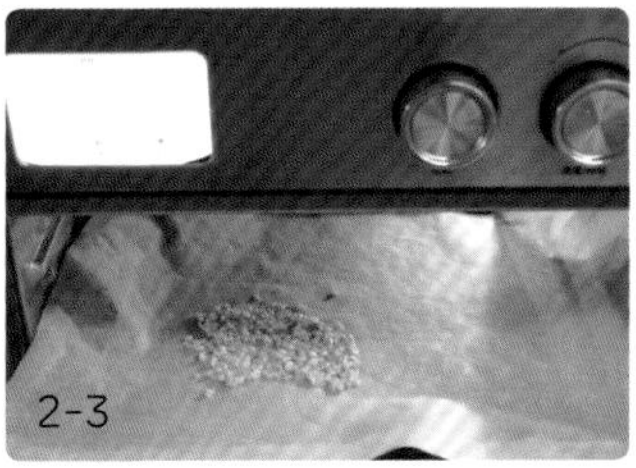
2-3

3

帶有淡淡焦香味
的乳酪蛋糕

巴斯克乳酪蛋糕

好吃又簡單做的入門款蛋糕，
外表看起來有點焦黑，但吃起來是滑順綿密，
帶著非常濃郁的乳酪香氣，以及焦香味，超美味！

食材 *Ingredients*

- 奶油乳酪 250g
- 雞蛋 2 顆
- 細砂糖 45g
- 動物性鮮奶油 170ml
- 低筋麵粉 9g（需要過篩）

步驟 *Step*

麵糰

1 奶油乳酪放在室溫中軟化後，把細砂糖分成三等份，分次拌入奶油乳酪裡。

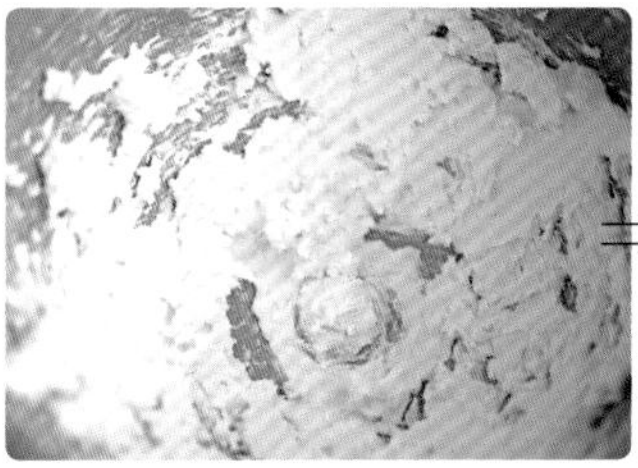
⇒

⇒

❷ 放入第一顆全蛋攪拌均勻後，再加入第二顆全蛋拌勻（雞蛋要一顆一顆的放）。

❸ 把過篩後的低筋麵粉和鮮奶油倒入，並輕輕地攪拌均勻（不要過度一直攪）。

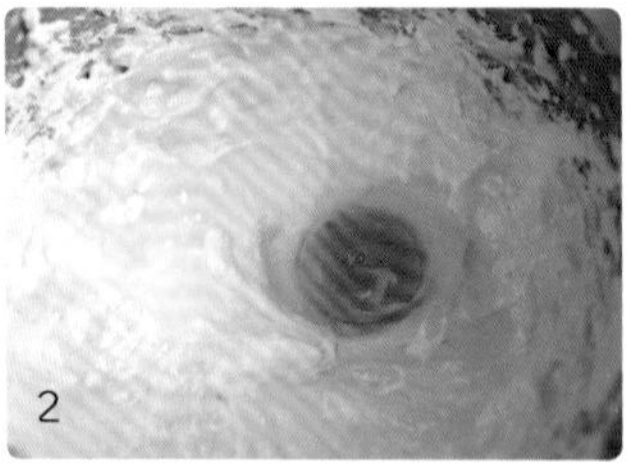
2

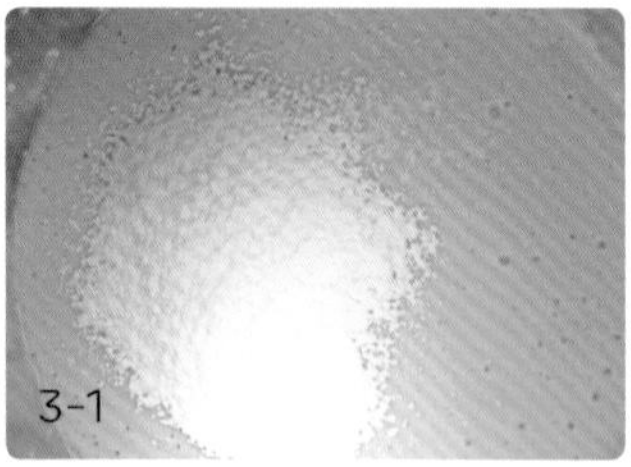
3-1

3-2

❹ 將起司糊放入烤模後，往桌面一放震出空氣，這樣烤出來才會漂亮。

❺ 將氣炸烤箱轉至 180 度預熱 3 分鐘，放入起司糊，以 180 度氣炸 20 分鐘，接著以 230 度氣炸 5 分鐘，讓乳酪表面能更加上色。

Tips

1 每台氣炸烤箱功率略微不同，進行第一次氣炸後，可觀察表面上色的程度，再來調整第二次氣炸的時間。

2 蛋糕要切得漂亮，就是先把刀子泡在熱水後拿起擦乾再切，每切一刀都要再重複一次動作。

3 氣炸好的蛋糕不能直接吃唷！要先降溫後再送進冰箱冷藏一晚。

外酥內鬆的
英式經典

司康

把司康送進烤箱烤得熱熱的，

要享用之前夾進一塊奶油或者果醬，

偶爾來個英倫風早餐，放鬆一下。

食材 *Ingredients*

- 中筋麵粉 210g（可用高筋麵粉 105g+ 低筋麵粉 105g 混合）
- 雞蛋 1 顆（一半倒入麵粉內、一半塗抹表面上色用）
- 蔓越莓適量
- 細砂糖 45g
- 牛奶 88ml
- 無鹽奶油 56g
- 無鋁泡打粉 8g
- 鹽巴 1g

步驟 *Step*

❶ 用熱水把蔓越莓乾表層的油脂沖洗掉，並擦乾備用。

⇒

麵糰

② 把麵粉、細砂糖、無鋁泡打粉、鹽巴混合並過篩，加入無鹽奶油用手指搓勻。

③ 將雞蛋攪拌均勻，取一半蛋液和牛奶混合，分次倒入步驟 2，充分拌勻後，手揉成糰至表面無顆粒（不需要揉至手套膜的程度），包進保鮮膜封好放置冰箱冷藏 30 分鐘。

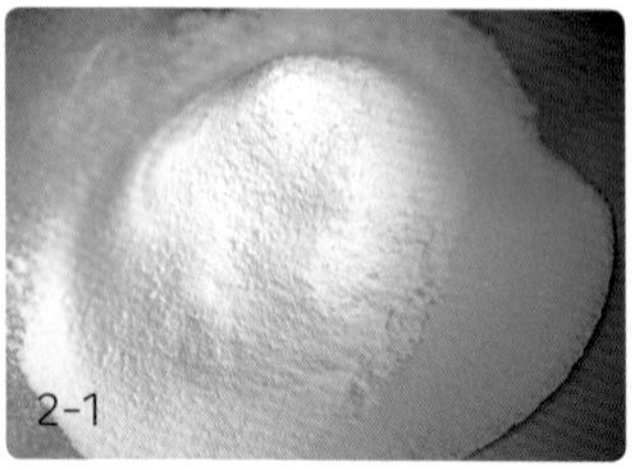

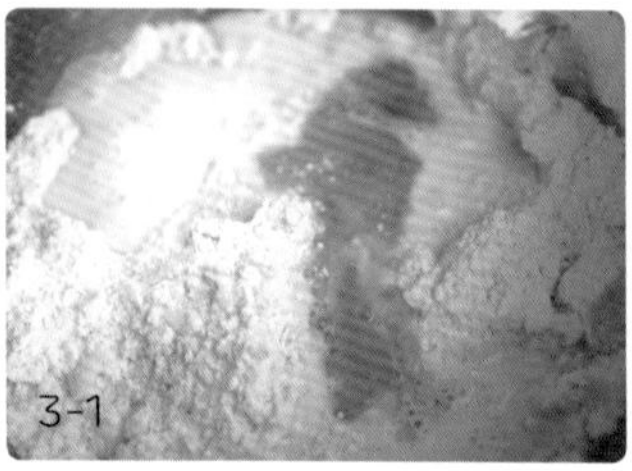

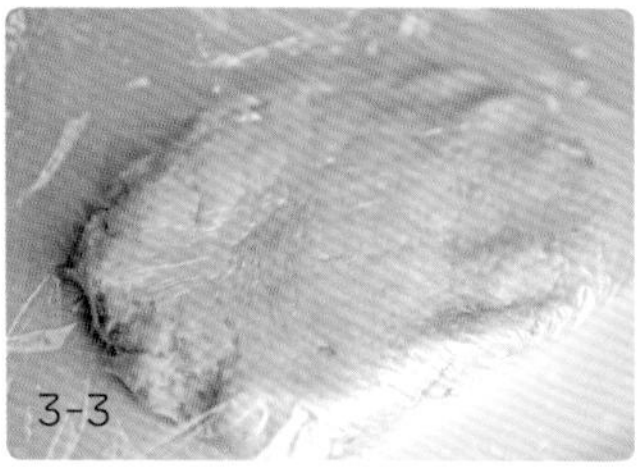

烘烤

④ 從冰箱取出成型的司康糰（428g）均分成兩塊，一塊麵糰混入蔓越莓乾後，用圓形壓模壓出厚度約 2 公分高、直徑 3 公分左右的司康，並在表面塗上蛋液；另一塊原味麵糰也依相同方式處理。

⑤ 將氣炸烤箱轉至 180 度預熱 10 分鐘，放入司康以 180 度烤 18 分鐘。

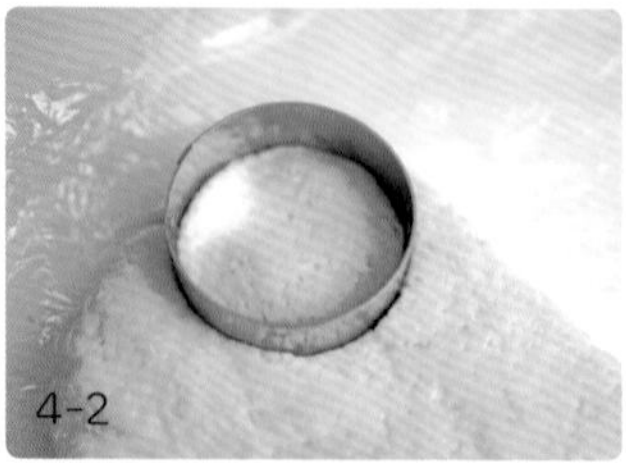

08

減醣人早餐

一日之計在於晨，

減醣人生就從早上開始吧！

手風琴馬鈴薯

在烤馬鈴薯裡添加了一層層交錯的香腸和乳酪，
讓簡單平凡的料理，立刻美味加倍，
簡單快速輕鬆做。

食材 Ingredients

- 馬鈴薯 120g
- 香腸 1 條
- 乳酪絲 30g
- 乾燥羅勒葉適量
- 鹽巴適量
- 黑胡椒適量

步驟 Step

1. 將馬鈴薯洗乾淨後，直接用刀從中切好幾刀，但每一刀不能把馬鈴薯切斷。
2. 把馬鈴薯表面稍微抹油（分量外），放進氣炸烤箱以 230 度氣炸 25 分鐘，差不多呈現九分熟。
3. 取出氣炸過的馬鈴薯後，可依照喜好把切好的香腸碎塊，一層一層的塞進馬鈴薯中。接著，再把乳酪絲鋪在最上層。
4. 最後，把馬鈴薯放進氣炸烤箱以 230 度烤 8 分鐘。食用前，撒入適量的黑胡椒、鹽巴和乾燥蘿勒葉。

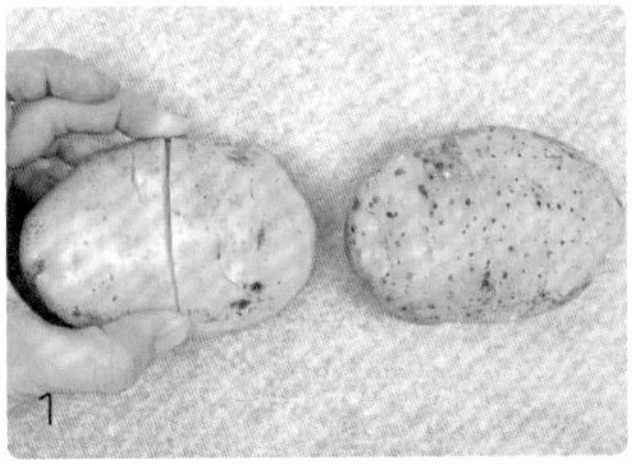
1

2-1

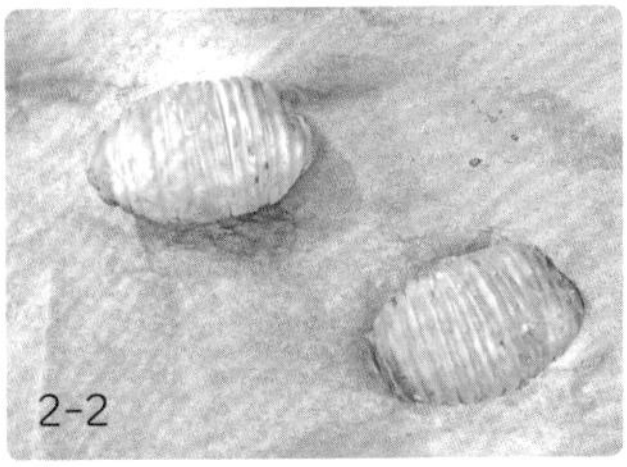
2-2

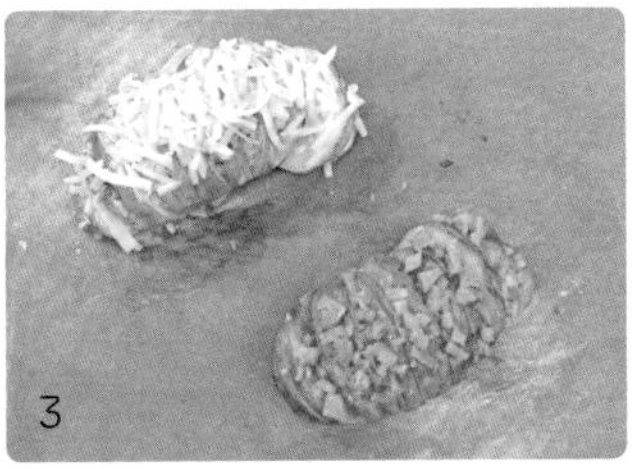
3

4-1

4-2

Tips

煎牛排作法請參考 P246，烤蔬菜作法請參考 P61。

優格碗

天氣炎熱時，
不妨來碗
冰冰涼涼的早餐

早上起床沒有什麼胃口的話，這時候就很適合來吃個優格碗，
依照自己的喜好添加水果、穀片、堅果，
不僅可以保持腸胃順暢，更能把滿滿的營養吃進肚子。

食材 *Ingredients*

- 全脂鮮乳 500ml
- 優格粉 1 包

步驟 *Step*

1. 先把全脂鮮乳倒入乾淨、且乾燥的容器中，接著加入優格粉。
2. 剛倒入的優格粉會有些粉末浮在鮮乳上方，可攪拌，也可不攪拌，蓋上鍋蓋放著等 30 分鐘左右就會溶解。
3. 在鍋身外註明開始發酵的時間，接著直接放置室溫約 28 ～ 32 度的環境中，發酵 16 小時，之後就可以擺入冰箱冷藏。
4. 取出自製優格，依照自己的喜好添加營養穀片、奇亞籽、奇異果、百香果、乾燥果乾、堅果、蜂蜜等，會非常好吃唷！

2

3

4

Tips

1. 如果沒有時間自製優格的話，可以市售的優格取代。
2. 成功優格的形狀固化類似奶酪，味道上是呈現奶味或者優格酸味。
3. 一般超市內所販售的全脂鮮乳，多半都是「超高溫瞬間殺菌」，如果不太確定的話，可以直接翻看成份表，製作優格的話，請務必要挑選有「超高溫瞬間殺菌」的字樣唷！
4. 如果家裡有玻璃或塑膠容器，只要是乾淨、乾燥的都可以直接拿來製作優格。

酪梨餐盤

一天從滿滿的
蔬菜開始

誰說減醣一定要餓肚子，這一盤簡單美味的減醣餐盤，
讓你吃飽飽，心情好！

食材 *Ingredients*

- 酪梨 156g
- 雞蛋 1 顆
- 牛番茄 40g
- 培根 45g
- 巴薩米克醋 5ml
- 生菜半盤

步驟 *Step*

1. 水波蛋作法請參考 P22。
2. 把培根放入平底鍋煎熟、酪梨去殼切片、牛番茄切塊、生菜用流動水洗乾淨，並用餐巾紙擦乾就可以擺盤，最後只要在食用前淋上些許巴薩米克醋，就可輕鬆享用。

1

2-1

2-2

2-3

Tips

熟透的酪梨，只要用刀切成兩半後，用湯匙從酪梨皮的邊緣，順著酪梨的形狀挖，即可輕鬆將果肉和果皮分開。

很解膩的
清爽莎莎醬

紐約客牛排佐櫛瓜炒蘑菇

特製的莎莎醬吃起來帶有微酸的牛番茄、微嗆辣的蒜末，
以及微酸的鮮擠檸檬，配著牛排一起吃會讓人非常開胃。
再搭用牛油炒的櫛瓜、蘑菇，真的是美味極了！

食材 *Ingredients*

- 牛排 540g
- 櫛瓜 425g
- 蘑菇 220g
- 蒜頭 25g
- 鹽巴 4.5g
- 黑胡椒適量
- 無鹽奶油適量
- 檸檬皮適量
- 莎莎醬
  - 洋蔥 22g
  - 牛番茄 100g
  - 蒜頭 12g
  - 檸檬汁 1ml
  - 鹽巴 1g

步驟 *Step*

莎莎醬

1. 把洋蔥、牛番茄（90g）、蒜頭切塊後，一同放入攪拌機攪打均勻，拌入剩下的番茄切丁（10g）、檸檬汁、鹽巴、現削檸檬皮拌勻。

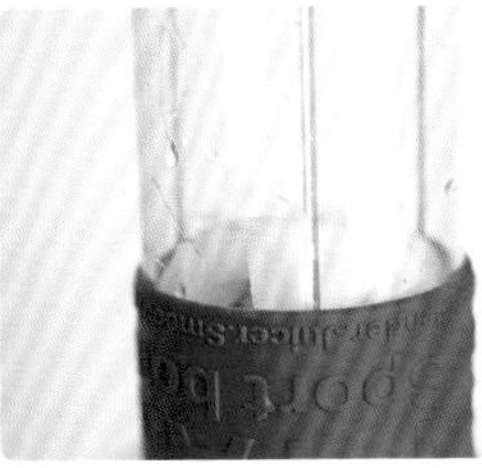

⇒

⇒

② 將紐約客牛排從冰箱冷藏取出至室內回溫，用餐巾紙把表面血水擦乾。

③ 等鍋熱，把牛排的油脂面朝下，先煎至牛油被逼出，依序將牛排翻面各煎2分鐘，直到牛排四個面都被煎到表面無血色。

④ 將牛排移至餐盤靜置 2 分鐘後，在平底鍋放入無鹽奶油與牛排，續煎至牛排表面呈現金黃色澤即可。

3-1

3-2

4

⑤ 將蒜片和蘑菇直接放入剛煎過牛排的平底鍋中，拌炒至蘑菇表面變成淡淡的金黃色。

⑥ 接著再放入櫛瓜，繼續炒至水分收乾，就可以撒入適量鹽巴和黑胡椒粉調味。

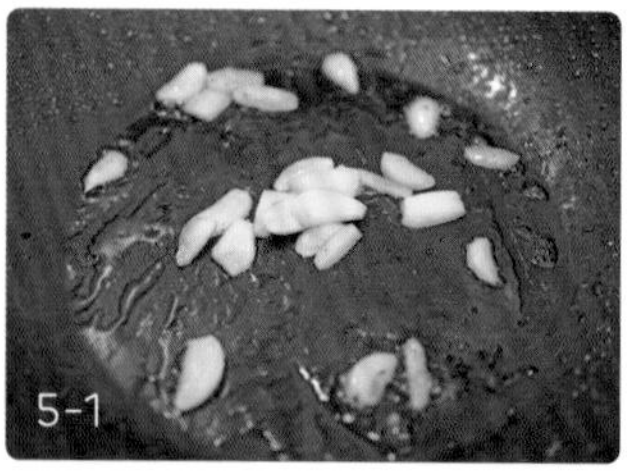
5-1

5-2

5-3

6-1

6-2

7 最後，用噴槍噴一下先前靜置的牛排，讓表面的顏色更加漂亮，也可增添炙燒的香氣，完成後將所有食材盛盤享用。

⇒

Tips

1 剛煎好的牛排不要急著切開，需要透過一段時間的靜置，讓肉汁的精華可持續加溫，這樣切開才不會有血水。

2 蘑菇表面如果是乾淨的話，不需要特別用水沖洗，只要稍微用餐巾紙把表面擦乾淨，就可以切塊放入鍋中拌炒，需將蘑菇內部的水分炒出，這樣吃起來會更增添香氣。

什蔬烘蛋

美味的烘蛋吃起來滑滑嫩嫩的，
只要在早餐時，搭配一點生菜、水果，不僅能吃得飽飽的，
更有滿滿的蛋白質、維生素也都一次補足。

食材 *Ingredients*

- 雞蛋 3 顆
- 蘑菇丁 142g
- 櫛瓜丁 169g
- 蘆筍 112g
- 甜椒 78g
- 牽絲乳酪 79g
- 番茄醬適量
- 牛奶 50ml
- 動物性鮮奶油 28ml
- 鹽巴 4g
- 食用油 5g

步驟 *Step*

1. 把食用油倒入鍋中，依序放入蘑菇丁和櫛瓜丁拌炒至熟透。
2. 將雞蛋、牛奶、鮮奶油、鹽巴攪拌均勻，並倒入步驟 1 的鍋中，稍微用鍋鏟讓兩者結合。
3. 放入牽絲乳酪後，把雞蛋對折蓋上煎熟。
4. 用小火煎熟蘆筍和甜椒，搭配烘蛋和番茄醬即可食用。

1-1

1-2

2

3-1

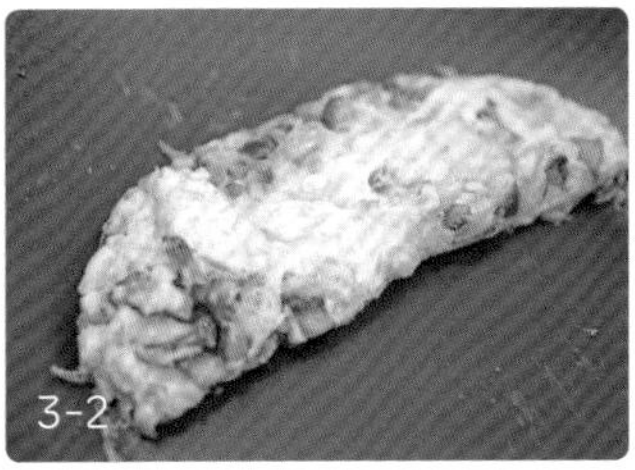
3-2

4

北非蛋

充滿異國風味的北非蛋，主要基底是番茄，
也可依照個人喜好添加不同食材調整，
吃起來微酸的口感，可以搭配麵包一起食用。

食材 Ingredients

- 甜椒 1 顆（100g）
- 牛番茄 3 顆（329g）
- 雞蛋 1 顆
- 蒜頭 10g
- 迷迭香 1g
- 黑胡椒 2g
- 鹽巴 3g
- 食用油 5ml
- 水 20ml
- 麵包 2 小片

步驟 Step

1. 在不沾鍋中放入切碎的蒜頭、牛番茄和食用油，炒至蒜香飄出，且牛番茄表面軟化後，將炒過的牛番茄倒入攪拌機中攪打均勻。
2. 把切塊的甜椒和番茄糊、迷迭香和水一起倒入鍋中，用小火持續燉煮。完成後，把迷迭香取出。
3. 接著，撒入鹽巴和黑胡椒粉調味，把煮好的番茄糊倒入平底鐵鍋中。
4. 最後，在番茄糊中挖出一個凹槽，並打入雞蛋，等雞蛋煮至喜歡的熟度就關火。
5. 食用時可用麵包沾著吃。

1
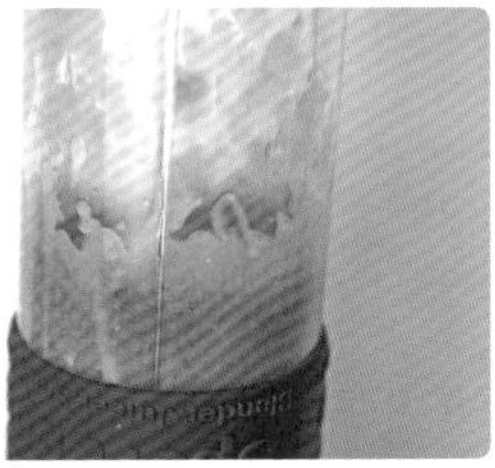

2

4

Tips

1. 喜歡迷迭香味道重一點的朋友，可以在步驟 1 時直接加入迷迭香一起攪打。
2. 如果手邊沒有牛番茄，可以直接用市售番茄糊取代，但市售番茄糊皆已調味過，所以鹹度部分需要斟酌使用。
3. 不喜歡吃麵包的話，可依照自己的喜好，換成花椰米、蒟蒻米、蒟蒻麵或櫛瓜麵等。

義式麵溫沙拉

清新爽口的溫沙拉適合夏日炎熱的季節，

沒有油膩的厚重感，讓早晨的心情變得更加美麗！

食材 *Ingredients*

- 義大利麵 150g
- 鱸魚 175g
- 花椰菜 92g
- 甜椒 84g
- 玉米筍 36g
- 花生醬 38g
- 日式醬油 38g
- 鹽巴適量

步驟 *Step*

1 在滾水中放入鹽巴、義大利麵，煮熟後撈起，放入冷水中降溫後備用。

⇒

2 接著將鱸魚表面抹油，放入氣炸烤箱以 230 度烤 15 分鐘，烤好後可以用噴槍在魚皮表面炙燒。

⇒

⇒

3 將花椰菜、玉米筍倒入滾水中燙至熟透撈起，放入冷水中降溫。

4 用噴槍炙燒甜椒後，把燒焦的外皮剝除備用。

5 花生醬和日式醬油以 1 比 1 等比例攪拌均勻為沙拉醬。

6 最後，把義大利麵、甜椒、花椰菜、玉米筍、鱸魚放入碗中，要吃之前再淋上特製醬汁攪拌均勻。

5

6

Tips

1 義大利麵煮好撈起後，可以淋上一點橄欖油攪拌均勻，這樣可以避免麵條沾黏。

2 如果對花生過敏，可以把原本料理中的花生日式醬油改成巴薩米克醋，也很好吃！

3 這道溫沙拉中使用的蔬菜，可以依照個人的喜好調整，烤過的櫛瓜、蘆筍、山藥等都很適合。

玉米昆布排骨湯

食材 Ingredients

- 玉米 400g
- 排骨 60g
- 昆布 5g
- 高麗菜 130g
- 鹽巴 5g
- 水適量

步驟 Step

1. 將排骨放置冷水鍋中煮至沸騰去血水，髒水要倒掉不可用。
2. 接著把排骨、昆布、水，倒入鍋中，用中小火燉煮約 30 分鐘。
3. 放入玉米、高麗菜煮 10 分鐘後，撒入鹽巴調味。

Tips

玉米如果想要吃起來鮮甜，一定要等到湯煮好了最後放進去煮。

玉米濃湯

食材 *Ingredients*

- 玉米醬 1 罐
- 玉米粒 1 罐
- 無鹽奶油 8g
- 牛奶 250ml
- 雞蛋 2 顆
- 水 200ml
- 鹽巴 3g
- 黑胡椒適量

步驟 *Step*

1. 把玉米粒、玉米醬和水倒入湯鍋中。
2. 把湯底煮滾後，用湯杓把上面的玉米渣和泡沫撈起倒掉，接著放入適量的牛奶、鹽巴、黑胡椒，以及無鹽奶油攪勻，最後打入蛋花。

Tips

如果家裡沒有牛奶，也可以全脂奶粉加熱水，以 2:1 的比例泡開後使用。

鱸魚湯

食材 Ingredients

- 鱸魚 280g
- 薑絲 0.5g
- 蔥花 20g
- 米酒 15ml
- 鹽巴 5g
- 香油 1ml

步驟 Step

1. 先用流動水把新鮮鱸魚沖洗乾淨後，用餐巾紙擦乾表面，直接把鱸魚切塊放入已煮沸的清水中，待魚肉稍微變白後，再放入薑絲。
2. 這時魚湯上面會有很多的白色泡泡，請用濾網勺把白泡泡都撈除，再加入些許米酒，最後撒入適量的香油、鹽和蔥花。

Tips

1 薑片最好使用老薑，味道會比嫩薑更加濃郁些。

2 鹽巴的調味一定要最後起鍋前再放，湯頭喝起來會較鮮甜。

日式味噌鮭魚湯

食材 *Ingredients*

- 鮭魚 230g
- 雞蛋 2 顆
- 豆腐 300g
- 昆布 5g
- 米酒 15ml
- 味噌 65g
- 細砂糖 1g
- 味醂 15ml
- 柴魚片 2g
- 青蔥適量
- 水適量

步驟 *Step*

1. 先把昆布稍微用水沖洗過後切小塊，和柴魚片一起放入鍋中，加水一起熬煮約 20 分鐘，接著加入豆腐、鮭魚塊、米酒、味醂，煮至鮭魚差不多九分熟。
2. 放一些味噌至湯中並攪拌均勻，覺得味道有點鹹的話，可依照個人口味加點細砂糖調整。
2. 在湯裡淋上打散的雞蛋和蔥花，關火即完成美味的味噌湯。

Tips

在處理鮭魚切塊時，中間的那塊骨頭切下來後，可以和昆布、柴魚片一起放入湯鍋中熬煮成高湯，這樣風味會更加濃郁好喝。

蒜頭雞湯

食材 Ingredients

- 雞骨架兩付
- 去骨雞腿排 380g
- 剝殼的蒜頭 100g（20 ～ 25 顆）
- 木耳 100g
- 米酒 15ml
- 鹽巴 3g
- 水適量

步驟 Step

1. 在冷水中放入雞骨架和去骨雞腿排，煮至水滾且雞肉表面無血色，血水要倒掉。
2. 去完血水的雞肉、雞骨架和蒜頭、木耳，放入裝滿乾淨水的鍋中，大火煮開後，轉小火、蓋上鍋蓋持續燉煮約 20 分鐘。
3. 加入米酒，繼續蓋上鍋蓋悶煮 10 分鐘，略煮到酒味散盡，就可撒入鹽調味。

Tips

1 雞肉與木耳在熬煮後有自然甜味，鹽巴一定要最後放，湯頭喝起來會更有層次。

2 這道雞湯的重點是蒜頭的味道，所以一定要熬煮到整顆蒜頭用湯匙稍微一壓就化開的綿密口感。

韓國一隻雞

食材 Ingredients

- 雞骨架一付
- 豬排骨 60g
- 去骨雞腿排 380g
- 雞翅 420g
- 洋蔥 150g
- 馬鈴薯 300g
- 蒜頭 100g
- 青蔥 30g
- 紅蘿蔔 200g
- 鴻禧菇 100g
- 味醂 5ml
- 醬油 15ml
- 韓國燒酒 5ml
- 水適量
- 不辣沾醬
  - 白醋 5ml
  - 醬油 10ml
  - 細砂糖 10g
  - 飲用水 15ml
- 辣味沾醬
  - 醬油 20ml
  - 魚露 10ml
  - 細砂糖 10g
  - 韓國辣椒粉適量

步驟 Step

1. 在冷水裡放入雞骨架、豬排骨、雞翅、去骨雞腿排，開火煮至表面沒血水後，撈起骨頭和肉，把髒水倒掉。
2. 把去過血水的雞骨架、豬排骨、雞翅，和切好的蒜頭、洋蔥、青蔥，以及韓國燒酒、水，放入鍋中煮約 40 分鐘後，把雞骨架、豬排骨、蒜頭、洋蔥、青蔥撈出鍋外，之後再用濾網把湯裡的渣渣去除。
3. 最後把切好的馬鈴薯、鴻禧菇、紅蘿蔔、雞腿排塊和醬油、味醂，放入鍋中煮至食材熟透。

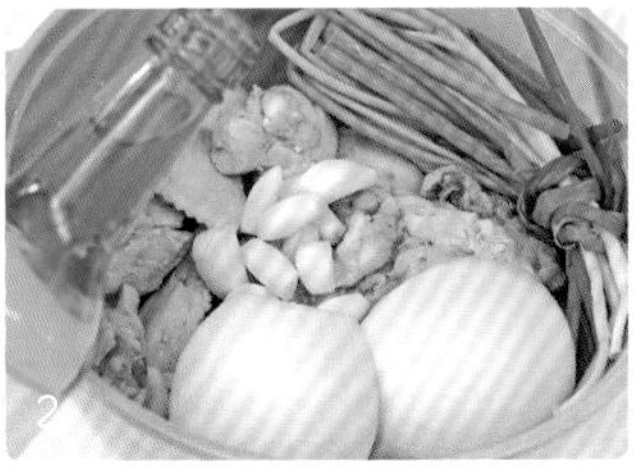

4. 不辣沾醬和辣味沾醬分別混合攪拌均勻，可依個人喜好選擇醬料。

Tips

這是道需要熬煮雞骨架、豬排骨的湯品，要把雞骨架煮到用湯杓一壓骨頭就會分解的程度。

西瓜牛奶

食材 Ingredients

- 西瓜 200g
- 牛奶 300ml
- 細砂糖 3g

步驟 Step

1. 先將西瓜去皮切片備用。
2. 把西瓜、牛奶、細砂糖放入果汁機攪打均勻。

Tips

西瓜籽富含豐富的蛋白質，所以在打西瓜牛奶時，可以不用刻意把籽拿掉，或者是過篩，這樣才能吃到更完整的營養。。

水果奇亞籽氣泡飲

食材 Ingredients

- 奇異果 150g
- 水 30ml（奇異果用）
- 奇亞籽 5g
- 水 50ml（奇亞籽用）
- 蜂蜜 10ml
- 氣泡水適量

步驟 Step

1. 把奇異果和水 30ml 放入攪拌器攪打均勻成果泥，放入冰箱冷凍製作成奇異果冰塊。
2. 接著，將奇亞籽和水 50ml 放入小碗中，泡開成粉圓狀。
2. 最後，把奇異果冰塊、泡開的奇亞籽、蜂蜜，以及氣泡水攪拌均勻即可飲用。

Tips

奇亞籽需要在冷水中靜置約 10 分鐘，開始有點軟化後再攪拌，接著可以再泡個 30 分鐘吸飽水分，呈現果凍膠狀。

酪梨牛奶

食材 *Ingredients*

- 酪梨 1 顆
- 牛奶 300ml
- 蜂蜜 10ml
- 冰塊少許

步驟 *Step*

1. 將酪梨剖半後，去除中間的籽，接著用湯勺沿著酪梨皮挖，就可以輕鬆取出完整的酪梨肉。
2. 接著，把酪梨切塊，加入適量的蜂蜜、牛奶、冰塊至果汁機中攪打均勻。

Tips

1 酪梨熟度不會影響營養價值，只是較熟的酪梨口感會相對綿密。如果剛買的酪梨摸起來還硬硬的，可以把未熟的酪梨跟熟透的香蕉或蘋果擺在一起做催熟的動作，也可把未熟的酪梨用鋁箔紙包起來，放進烤箱以 90 度烤 10 分鐘。

2 如果不敢喝酪梨牛奶，可加入布丁或香蕉，喝起來會更有層次。

香蘋鳳梨汁

食材 Ingredients

- 蘋果 110g
- 鳳梨 220g
- 蜂蜜 5ml
- 冰塊 5 塊（45g）
- 水 50ml

步驟 Step

1. 把切塊的鳳梨和蘋果、水、蜂蜜、冰塊放入攪拌器攪打均勻後即可飲用。

Tips

1 如果怕鳳梨吃多會咬舌頭的話，可以在切完鳳梨時，稍微泡在加一點點鹽巴的飲用水中約 2 ～ 3 分鐘。

2 因為蘋果果皮的營養價值極高，只要清洗乾淨，不削皮也可以直接打果汁唷！

黑糖珍珠鮮奶茶

食材 Ingredients

- 牛奶 300ml
- 英式早餐茶 2.5g
- 細砂糖（依喜好添加）
- 珍珠
  - 黑糖 35g
  - 樹薯粉 200g
  - 水 100ml

步驟 Step

1. 在用鍋子煮牛奶時，需要小火煮，且要持續輕輕地攪拌牛奶，邊煮邊觀察加熱時的變化，等牛奶出現第一個小氣泡時，就可以關火。
2. 接著，把茶葉放入牛奶中靜置約 5 分鐘後，用濾網把茶葉渣撈起丟掉，最後加上細砂糖攪拌，這樣就完成一杯濃醇香的鮮奶茶。

⇒

⇒
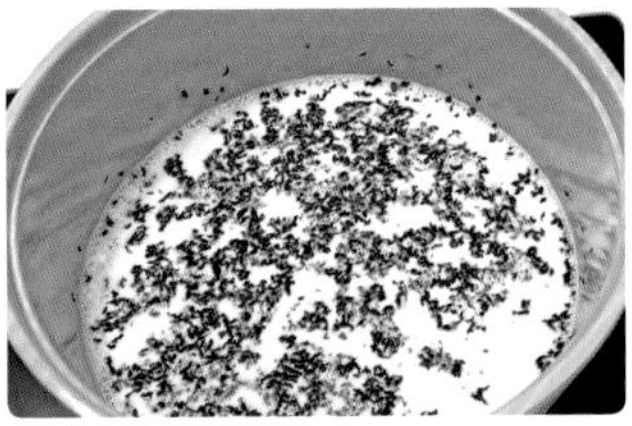

煮珍珠

4. 把開水煮至沸騰後，放入黑糖持續攪拌，並加熱至黑糖水冒小水泡則可關火。
5. 等糖水稍微冷卻至溫溫的（手摸杯子不會燙），放入樹薯粉攪拌均勻。
6. 把粉圓麵糰擀平，切成小方塊後，一顆顆的搓圓並用熱水煮熟。

5

6-1

6-2

Tips

1 牛奶不適合過度加熱，營養會流失，建議只需加熱至 50 至 60 度。

2 如果一次做比較多的粉圓，可以在做好的粉圓上面灑點樹薯粉，再放入冰箱冷凍保存約 1 周。

葡萄蘋果冰沙

食材 *Ingredients*

- 冷凍葡萄 150g
- 蘋果 300g
- 蜂蜜 16ml
- 水 50ml

步驟 *Step*

1. 把冷凍葡萄、切塊的蘋果、水、蜂蜜放入攪拌機攪打均勻後即可飲用。

Tips

如果家裡有吃不完，或者是買來覺得偏酸的葡萄，可以把葡萄的外皮洗乾淨後，將表面水分擦乾，接著攤平放置於密封袋中，擺放至冰箱冷凍庫結成葡萄冰，需要時只取出適量，就可以打果汁或直接食用，冷凍約可保存 2 ～ 3 個月。

草莓蜂蜜牛奶

食材 *Ingredients*

- 冷凍草莓 150g
- 牛奶 300ml
- 蜂蜜 15ml

步驟 *Step*

1. 把冷凍草莓、牛奶 100ml、蜂蜜放入攪拌器攪打均匀。
2. 把步驟 1 的草莓牛奶先倒入杯子，接著再加入剩下的牛奶，即可做出雙層美美的草莓蜂蜜牛奶，飲用前只需要攪拌均匀即可。

Tips

製作冷凍草莓時，要先用流動水把草莓外皮都充分清洗乾淨後，再用刀子去除蒂頭，以及削掉草莓被碰撞到的部位。接著把草莓的表面水分擦乾，攤平放置密封袋中，送至冷凍庫結成草莓冰，需要時只取出適量，室溫下稍微退冰後就可以打果汁、或是直接食用，冷凍約可保存 3 ～ 4 個月。

藍莓蘋果氣泡飲

食材 *Ingredients*

- 冷凍藍莓 20g
- 蘋果汁 150ml
- 氣泡水 20ml
- 檸檬適量

步驟 *Step*

1. 把冷凍藍莓放入杯中，依序加入蘋果汁、氣泡水，以及適量檸檬攪拌均勻。

Tips

喜歡多點口感的，可以直接把冷凍藍莓整顆加入蘋果汁，或是把蘋果汁和冷凍藍莓一起放入攪拌器攪打。

奇異果椰奶西米露

食材 Ingredients

- 西谷米 50g
- 椰奶 65ml
- 牛奶 55ml
- 細砂糖 25g
- 奇異果適量
- 柳丁適量

步驟 Step

1. 把西谷米放入滾水煮約 8 分鐘（過程需持續攪拌避免黏底），煮至西谷米呈現中間白、旁邊透明後，就可以關火蓋上鍋蓋悶 10 分鐘至透明狀，再撈起放置冰塊中冷卻降溫。
2. 將牛奶、椰奶、細砂糖倒入碗中攪拌均勻備用，接著把奇異果切塊打泥、柳丁的果肉取出，最後只需要把冷卻後的西谷米，加上所有食材就完成。

Tips

如果因為季節關係買不到柳丁，可把柳丁換成橘子、葡萄柚等柑橘類略帶微酸的水果都很適合。

2AB869

天天早餐日

百萬媽媽都說讚！

省時╳輕鬆╳超萌造型, 最美味人氣食譜100+

作　　　者　卡卡	
責 任 編 輯　李素卿	
版 面 構 成　江麗姿	
封 面 設 計　走路花工作室	
行 銷 企 劃　辛政遠、楊惠潔	
總 編 輯　姚蜀芸	
副 社 長　黃錫鉉	
總 經 理　吳濱伶	
發 行 人　何飛鵬	
出 版　創意市集	
發　　　行　城邦文化事業股份有限公司	
歡迎光臨城邦讀書花園	
網　　　址　www.cite.com.tw	

香港發行所　城邦（香港）出版集團有限公司
香港灣仔駱克道193號東超商業中心1樓
電話：(852) 25086231
傳真：(852) 25789337
E-mail：hkcite@biznetvigator.com

馬新發行所　城邦（馬新）出版集團Cite (M) Sdn Bhd
41, Jalan Radin Anum, Bandar Baru Sri
Petaling, 57000 Kuala Lumpur, Malaysia.
電話：(603) 90563833
傳真：(603) 90576622
E-mail：services@cite.my

印　　　刷　凱林彩印股份有限公司
2024年1月
Printed in Taiwan
定　　　價　420元

客戶服務中心
地址：10483台北市中山區民生東路二段141號B1
服務電話：（02）2500-7718、（02）2500-7719
服務時間：周一至周五 9：30～18：00
24小時傳真專線：（02）2500-1990～3
E-mail：service@readingclub.com.tw

※廠商合作、作者投稿、讀者意見回饋，請至：
FB粉絲團‧http://www.facebook.com/InnoFair
Email信箱‧ifbook@hmg.com.tw

※ 詢問書籍問題前，請註明您所購買的書名及書號，以及在哪
　 一頁有問題，以便我們能加快處理速度為您服務。

※ 我們的回答範圍，恕僅限書籍本身問題及內容撰寫不清楚的
　 地方，關於軟體、硬體本身的問題及衍生的操作狀況，請向
　 原廠商洽詢處理。

國家圖書館出版品預行編目 (CIP) 資料

天天早餐日：百萬媽媽都說讚！省時X輕鬆X超萌
造型, 最美味人氣食譜100+/卡卡. -- 初版. --臺北
市：創意市集出版：城邦文化發行, 2022.10
　面；　公分
　　ISBN 978-626-7149-18-8(平裝)
　1.食譜

427.1
111012669